JN222972

世界No.1製品をつくるプロセスを開示

開発設計の教科書

寺倉 修

一流の設計者から本物の設計力を学ぶ

日経BP

はじめに

自動車業界は100年に1度、いや130年に1度の変革期に突入した——。IoT（Internet of Things）や人工知能（AI）、第5世代移動通信システム（5G）といった新技術が登場し、ものづくりの世界を劇的に変えつつあります。自動車メーカーはCASE（ケース）、すなわち「コネクテッド（Connected）」「自動運転（Autonomous）」「シェアリング（Sharing）」「電動化（Electric）」の開発を加速。自社や系列企業との連携にとどまらず、テックカンパニーと呼ばれる国内外のIT企業など異業種とも積極的に連携を開始しています。

しかし、どのような技術が登場しても、製造業の基本に変わりはありません。それは、競合企業に対して品質やコストなどの面で「優位性」を確保し、顧客の「信頼」を保ち続けることです。この普遍的な課題の要となるのが設計です。そのためには、「設計段階で品質とコストの80%が決まる」という現実を踏まえ、それにふさわしい取り組みを実践することが不可欠となります。

設計段階の取り組みは大きく2つに分けられます。「先行開発」と「量産設計」の取り組みです。本書は、これらの取り組みを、それぞれ豊富な事例を挙げながら体系的に解説し、普遍的なプロセスとして身に付くように構成しました。

それでは、先行開発の取り組みとは、どのようなものでしょうか。ポイントは2つです。[1]「世界No.1製品」を実現し得るダントツの目標値（ダントツ目標）をいかに決めるか、[2] 技術的なめどをどのように付けるか、です。これらについては第３章で取り上げます。具体的には、先行開発の全ステップや、ダントツ目標の満たすべき要件、達成を阻害する要因の打破などについて詳しく説明します。

さらに第３章では、世界 No.1 の製品への取り組みの豊富な事例を紹介します。ダントツ目標を設定した取り組みは意外に身近にあるという例や、世界 No.1 製品の開発例、ダントツスピードの開発例など、さまざまな切り口で取り上げていきます。

第３章に続き、第４章では量産設計の取り組みを説明します。これは、先行開発でめどを付けたダントツ目標で掲げた品質を“120%”まで高める（100 万個造ったとしても１個たりとも品質不具合を出さない）ための活動です。具体的な事例を使い、量産設計のプロセスや技術的な知見、評価基準など「7 つの設計力要素」を説明していきます。

さらに第４章では、量産設計プロセスについて解説します。ここでは“120%”の品質を達成するために考慮すべき課題や、品質不具合を未然に防ぐための開発の進め方、過去の品質トラブルから学んだ教訓を次の開発に反映する手法などを具体的な設計事例に基づいて学ぶことができます。

これらの取り組みを生かし、かつ継続して伸ばしていくためのポイントを第５章にまとめました。デザインレビュー（DR）と FMEA を例に解説します。設計段階の取り組みの形骸化は、ものづくりにおいてトラブルはもちろん、不正を引き起こす要因となり得ます。形だけの取り組みをやめ、開発設計を進化させる方法についても触れます。

第6章では、世界一を目指した多くの経験者の言葉を取り上げ、世界No.1を目指す設計者のあるべき姿について述べます。

以上のように、製品開発は、2つの設計段階（先行開発、量産設計）の取り組みの強化が相まって、製造業として成長することが可能となります。

ものづくりが変革期を迎えた今こそ、基本に立ち返った取り組みがより一層重要となっているのです。

世界NO.1製品を狙う設計者になるために本書を活用していただけたら幸いです。

著者

寺倉 修

第4章 品質“120%”を達成する量産設計段階の取り組み ……153

第1章

設計者とは何か、設計力とは何か

第1章 設計者とは何か、設計力とは何か

1. 設計とは、設計者とは、そして設計力とは

経済産業省が発行する2018年版の「ものづくり白書（正式名称は製造基盤白書）」に、筆者の提言が取り入れられました。その趣旨は、「設計段階から品質管理を意識した仕組み作りを行わなければならない。ミスがある設計や品質担保が難しい設計になっていると、製造現場で現場の技術者が頑張って品質管理に取り組んだとしても、品質を担保することは難しくなる」というものです。

この提言は、当時、製造業で品質データ改ざんなどの不具合が生じたことを背景にしています。

筆者はこの時、メディアから取材を受けて「品質問題が発生すると『現場力が低下した』と言われることが多い。しかし、設計のミスを製造現場の努力で是正することはできない。ものづくりはその上流である設計段階が肝心である、と心得るべき」と述べました。

この提言は、**設計とは何か**、そして**設計者とは何か**を端的に表しています。設計とは、製造現場の品質に大きな影響を与える位置にある取り組みです。そして、設計者とは、そうした大きな影響力を持つ立場で設計業務を担う人です。

大きな影響力があるが故に、設計者は設計業務をやりきらなければなりません。そのやりきる取り組みこそが、本書で取り上げる**設計力**なのです。

2. CADに着手するまでが勝負

筆者は、学生に設計と設計力について話す機会があります。彼らに「設計とは何か」と問い掛けると、多くの場合、「CADです」という答えが返ってきます。3D（3次元）-CADで図面を描くことが設計だと思っているようです。企業などで行われているプロフェッショナルとしての設計について学ぶ機会がないので、無理もないかもしれません。さらに、開発設計は年単位の時間を要することを知っていても、「その長い間に行っていることは？」と質問すると、答えが返ってきません。そこで、設計段階には多くのプロセスがあり、多くの知見が必要であることをさまざまな事例を交えながら紹介します。すると、設計とはCAD以外にも数多くの業務があって大変な仕事なのだとやっと気づいてくれます。

一方、企業の設計者は、設計というものをどのように捉えているのでしょうか。仕事柄、多くの設計者に問い掛ける機会があります。この問いの答えから、その企業の問題が見えてきます。

例えば、「CADを扱えば設計と思う」という答えからは、「とにかく図面を描けば部品の加工ができると考えている」ということが分かります。「CADに座るまでに技術計算や技術検討は行っている」という回答からは、「しかし、余裕度や安全率など定量的な検討は行っていない」という問題点が分かります。「安全率や余裕度などの定量的な検討は行っている」という返答からは、「しかし、設計の手順が担当者任せで、設計品質が安定しない」という問題点が、「管理職が節目で進捗と内容について議論や決裁する仕組みは設定している」という回答からは、「しかし、品質不具合の未然防止が思ったほどできていない」といった課題が見えてくるのです。設計について、多くの企業がさまざまな問題を抱えています。

企業や職場により、「設計とは何か」に関する理解や取り組みが大きく異なります。なぜ、設計の理解や取り組みが異なるのでしょうか。職場の歴史や企業規模の違いなどが影響しています。加えて、設計の本質の理解不足や、理解していても実行する仕組みがなかったり、仕組みがあっても仕組みを使った業務が形骸化していたりと、などさまざまな背景があります。設計についての基本的な考え方や理解が異なっているのです*。

* 設計力の共有化が必要だと感じた経験とそこから言えることがある。2010年ごろ、東南アジアのある国の工業団地を訪問した。首都の郊外には良く整備された工業団地があり、そこにある企業を訪問した時の出来事である。

偶然にも、その企業は筆者がかつて開発した製品と同じ目的の製品開発を計画していた。その企業の社長から開発リードタイムを聞かれた筆者は「4年間だ」と答えたところ、彼はとても驚いた。どうやら半年程度の答えを期待していたようだ。筆者は4年間の必要性を力説したのだが、なかなか理解してもらえなかった。このやり取りから、「この自動車部品メーカーは『設計力』に課題を抱えているな」と筆者は感じた。

「設計力」とは100％の品質を目指した取り組みを「やりきる力」である。抜けのないように課題を出し切り、全ての課題に対して論理的、かつ定量的な裏づけを明確にする。こうして開発のステップを進めていくことが基本である。新製品の開発は特に課題が山積みとなるが、それでも妥協することなく心配点を潰していかなければならない。

100％の品質の設計を追い求めるか、それとも95％程度の品質で諦めるか――。この2つの間には天と地ほどの差がある。もっといえば、100％の品質を追求する場合と99％の品質で妥協する場合の間にも、極めて大きな差がある。最後の1％を追求することがとても大変なのだ。

筆者の経験からいうと、この1％を解決するために開発工数の50％を使うと言っても過言ではない。厳しいスタンスで取り組むからこそ、開発に4年もの時間を要するのだ。

半年程度でも「似たようなもの」は設計できるかもしれない。だが、それは妥協の産物だ。顧客に提供できる製品とはいえない。そんな妥協ができるとしたら、本物の「設計力」を持たないが故の発想を持つからだろう。そうした企業から重要部品を調達しようと考える自動車メーカーはない。

たとえ1個の品質不具合でも、顧客にとっては100％の不良である。設計力が低ければ、例えば9合目程度で生産に踏み切り、結果として1個の不良を是とする取り組みを許容したことになる。100万個造っても、ただの1つも品質不具合を出してはならない。これを実現するために必要な本物の「設計力」こそが、本書で取り上げる内容だ。

3. 設計力を5Sのごとく

しかし、筆者はこう考えます。これまで**設計のあるべき姿**が、普遍的な内容として取り上げられることはほとんどありませんでした。対照的に、「現場力」については「改善（カイゼン、Kaizen）」などが普遍的な取り組みとして醸成され、世の中に定着しています。「現場はこのようにあるべきだ」という考え方が共有されています。

一方、設計段階の取り組みに必要な「設計力」については、世の中への普及がまだまだの感があります。設計段階の取り組みのあるべき姿は共有化されていないのです。それ故に、企業や職場が違うと設計段階のあるべき姿についての考え方が異なっているのです。

現場力と同様に、設計力にも普遍的な取り組みがあります。それを共有化できれば、設計段階の取り組みレベルは確実に向上することでしょう。

例えば、品質不具合について考えてみます。全ての製造業は、昨日よりも今日、今日よりも明日、品質を良くしようと取り組んでいます。品質関係の手法を学び、年に1度は品質の日を設けて、社員の啓蒙にも取り組んでいます。設計段階では、デザインレビュー（Design Review；DR）や決裁会議もあります。では、その効果はどのような形で表れているでしょうか。設計変更件数は10年前から現在まで右肩下がりになっているのでしょうか。

これまで筆者は多くの設計者にこう問い掛けてきましたが、年々良くなっているという意見は皆無といってもよいでしょう。この現実を受け止めなければなりません。第4章で取り上げますが、国土交通省への自動車のリコールの届け出件数は、年間200件前後で推移しています。10年前も現在も変わらないのです。しかも、リコールの原因は製造段階よりも設計段階の方がずっと多いのです。設計段階の取り組みにも改善が必要です。

設計段階を改善するには、設計段階の取り組みを現場力と同様に一定の**普遍解として共有化**することが大切です。それが、どれくらい設計不具合を改善するかは、やってみなければ分からないでしょう。しかし、企業規模の大小にかかわらず、日本中の製造業にとって、現場の5S（整理・整頓・清掃・清潔・しつけ）は基本になっています。それと同様に、まずは、設計力を開発設計の糧とすることを基本にしてください。その次の段階は、ここで取り上げた設計力を日々改善し、真に役立つ設計力へと醸成させることです。それを願って筆者はこの本を執筆しました。

筆者は、10年前からものづくりは**設計力と現場力が両輪**であり、互いがものづくりの必要条件であって、両方がそろって十分条件になると提唱してきました。本書は、その「設計力」についてまとめたものです。企業の設計担当者から管理職、そして設計者を目指す学生までを対象にしています。

ここに書かれた設計段階の取り組みを基に、それぞれの職場に合った「設計力」に置き換え、高めていくことを心から願っています。

第2章

「先行開発」が優位性を、「量産設計」は信頼をもたらす

第2章 「先行開発」が優位性を、「量産設計」は信頼をもたらす

この章では、まず設計段階の取り組みが、前半の取り組みである**先行開発**と後半の取り組みである**量産設計**で構成されることを解説します。続いて、先行開発の役割は競合企業に対する**優位性**の確保にあること、そして量産設計の役割は顧客の**信頼**の獲得にあることを取り上げます[*1]。

＊1　人工知能（AI）やIoT（Internet of Things）の進化もあり、製造業は100年に1度の変革期を迎えたといわれている。とはいえ、製造業の基本は「優位性」と「信頼」である。競合企業に対して優位性があれば、顧客から選ばれ、受注する可能性が高まる。そして、一旦受注したら継続しなければならない。継続するには顧客からの「信頼」が欠かせない。技術環境がいかに変わろうと、優位性と信頼を目指す取り組みは必要である。

1. 設計段階の取り組み事例

設計段階で行う取り組みをイメージできるように事例を紹介しましょう。自動車部品（車載部品）である「雨滴感応ワイパーシステム（以下、AWS）」[*2]のレインセンサー[*3]を国内で初めて市場に出した時の取り組みです（図2-1）。デンソー時代に筆者自身が開発設計を手掛けました。

顧客である自動車メーカーから、「フラッグシップカー（最上級車）である「レクサス」にAWSを搭載したい。ついては、システムの主要部品となるレインセンサーを開発してほしい」と声を掛けられたところから始まりました。

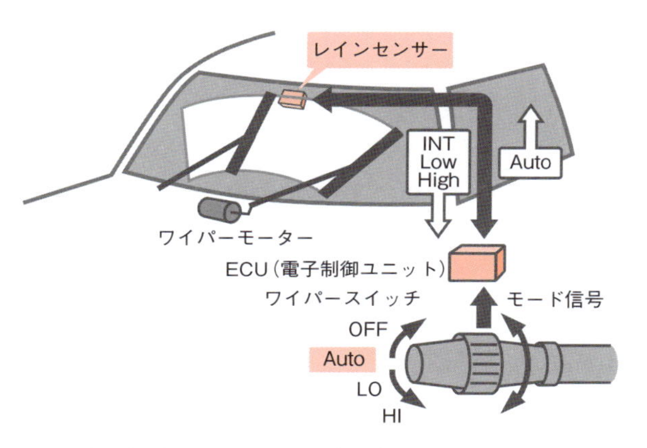

図 2-1 ●雨滴感応ワイパーシステム(AWS)
(出所:ワールドテック)

当時は雨の状態を検出するセンサーの中で、顧客が考えるシステムに耐えるものはありませんでした。従って、一から開発しなければならない状況でしたが、「はい、検討します」と回答しました。大切な顧客からの開発要請には、営業担当者に限らず設計者も前向きな返答をすることが大切です。「はい」と言って積極的な姿勢を見せた後、筆者は次のような取り組みを実施しました。

＊2 AWS　雨の状態に応じてワイパーの払拭スピードを自動で調整するシステム。ドライバーは通常、手動でワイパーの払拭スピードを切り替える。雨がバラバラと降っている場合は「間欠モード」、ザーザー降っているときには「ロー(Low)モード」、激しく降る際には「ハイ(High)モード」のように使い分ける。これに対し、AWSは雨の降っている状態を自動で検出し、その状態に応じてワイパーの払拭スピードも自動的に制御する。

＊3 レインセンサー　雨の状態を検出するセンサー。AWSのキーコンポーネント(主要部品)である。

レインセンサーの取り組み

[1] 市場性の判断

まず、取り組む価値があるか否かを検討しました。AWSは欧州では使われ始めていたので、その状況を調査したのです。分かったのは、天候が変わりやすく、かつ制限速度のない道路もあること。ワイパーの動きを自動化すると、利便性と安全性の機能の点で市場性があると判断しました*4。

*4 クルマはさまざまな機能を併せ持ち、安全で快適な移動空間を実現している。さまざまな機能とは「走る」「曲がる」「止まる」の基本機能や、最近電動化や自動運転化に向けた取り組みで急速に注目が高まっている「安全」「快適」「利便」「環境」などだ。当時、AWSは「安全」と「利便」の機能で市場に受け入れられると判断した。刻々と変わる雨の降り方にワイパーの払拭スピードを合わせるのがわずらわしいと感じる人や、高速走行中にワイパーの払拭スピードが自動で変わるとより安心感が高まると思う人は納得してくれるだろう。

[2] 技術課題のめど付け

次の取り組みは、技術課題のめどを付けることです。技術課題は、雨の降っている状態を検出する方法でした。落ちてくる雨は質量を持っているので、雨によって引き起こされる振動を検出する方法や、対に設置した光電管の間を通過する雨を検出する方法など幾つかの技術を検討しました。その結果から長所と短所を比較検討し、赤外線の反射を利用する「赤外線反射方式」*5を採用しました（図2-2）。

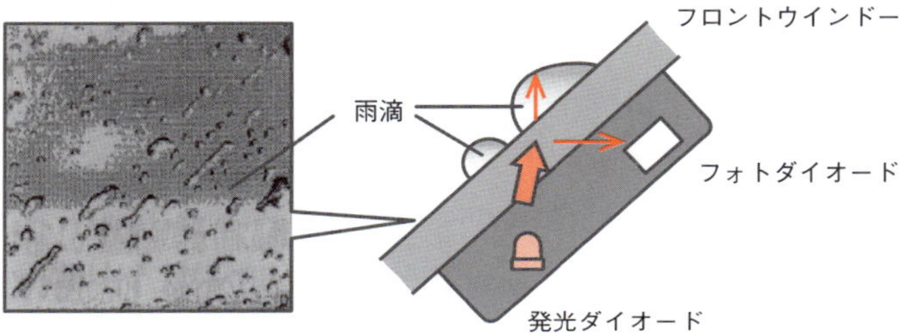

図 2-2 ● レインセンサーに採用した赤外線反射方式の仕組み
フロントウインドーの雨の付着状態を赤外線の反射を使って検出。
（出所：ワールドテック）

＊5 赤外線反射方式　赤外線の反射量で降雨状況を検出する方式。具体的には、車室内から赤外線を全反射の角度で当てることでフロントウインドーに付着した雨滴を検知する。フロントウインドーと水の屈折率が近いため、フロントウインドー表面がたくさん濡れていると赤外線が透過しやすくなり、反射量は少なくなる。あまり濡れていないと赤外線の反射量が多くなる。乾燥していると照射した赤外線の全量近くが反射する。こうして雨がパラパラ降っているのか、ザーザー降っているのかなどの降雨状況を把握する。

[3] 量産向け開発の開始

技術的課題のめどが付いたので、いよいよ量産に向けた開発を始めました。まず、開発するセンサーの設計目標値を決めます。具体的には、車両への搭載場所や搭載方法、大きさ、性能、機能、コストなどを決めました。

[4] 構想設計の開始

設計目標値が決まった後、構想設計に取り掛かりました。光学系を主とする構造や、信号処理回路のハードウエアとソフトウエアの切り分けなどを決めていきます。限られたスペースと搭載環境で降雨状態を正確に検出できるかどうかを、光学系シミュレーションとバラック品（手作りの試作品）を組み合わせて検証しました。

[5] 詳細な設計検討

続いて、詳細な設計検討を行いました。試作図面を作成し、量産相当の試作品を作りました。詳細な設計検討とは、具体的には光学系の公差設計と筐体（きょうたい）設計、信号処理の回路設計、雨の量に応じたドライバーの感性（フィーリング）に合うようにワイパーを動かすアルゴリズムの構築です。もちろん、コストも設計目標値に収まることを意識しながら取り組まなければなりません。なかなか大変な作業でした。

[6] 評価

試作品が出来ると、次は評価です。この開発設計での評価では、いわゆる**加速試験**[*6]などを行いました。大変だったのは、ワイパーの動きがドライバーの感性に合っているかどうかを評価することでした。雨の降り方を人工的に再現しようと試みましたが、結局うまくいかなかったので、雨が降る中を走行して評価しました。

日ごろは「今日も雨か。晴れたらいいのに……」と思うものですが、この試作品をいざ評価する段になると、評価にふさわしい雨が降らず、1カ月があっという間に過ぎていきました。台風の予報が出ると、台風がやって来る場所を目指してクルマを飛ばし、台風の中を走って評価。雪の評価も必要だったので、新潟県や北海道などに出掛けて雪質の違いによる影響を確認しました。加えて、搭載する車両は北米が重要な市場だったため、現地でも評価を重ねました。

＊6 加速試験　製品の設計保証目標期間内に市場で加わる累積ストレスを、短期間に再現できる条件を見いだし、その条件で製品を評価すること。設計保証目標期間とは、設計

的に例えば 12 年間は品質不具合を起こさないよう取り組もう、走行距離 28 万 km は品質不具合を起こさないよう取り組もう、という設計段階の目標値。

[7] 量産図面の作成

こうして、さまざまな評価をクリアした後、**試作図面**を**量産図面**に置き換えて、次の工程となる生産準備の担当部署へ量産図面を渡しました*7。

顧客から「このようなものを搭載したい」という要望を聞いてから、量産図面を次の工程に渡すまでにかかった時間は約 2 年半。製品が市場へ出たのは要望を聞いてから 4 年後でした（図 2-3）。

図 2-3 ●レインセンサー
（出所：ワールドテック）

以上は自動車部品の開発における設計段階の取り組みの事例ですが、多くの製品の設計段階は大体このような取り組みとなります。

*7　試作図面は、加工精度や加工方法、組み付け工法などの点で量産工程を踏まえた図面。量産図面は、試作図面を基に、製図ルール上の表記抜けや間違いはないか、寸法公差に矛盾はないか、過度に厳しい公差を入れていないか、加工や組み付け基準は明確か、注記表現は後工程で誤解釈を受けるような心配はないか、要素技術面から懸念点は残っていないかなど、図面としてのケアレスミスや不備を徹底的に見直したもの。

2. 設計段階の活動が品質とコストの80%を決定する

ここまで設計段階の取り組みの事例を示しました。ここからはその事例を踏まえながら設計段階の取り組みを普遍的な内容に置き換えます。

2.1 図面とは情報の伝達手段

前節の例が示す通り、設計段階の取り組みは、顧客のニーズを把握することから始まり、量産図面を次の工程に渡すことで終わります。

顧客のニーズの把握から量産図面出しまで

[1] 商品仕様の見極め

まず、顧客のニーズを把握します。具体的には**商品仕様**[*8]を見極めます。

***8 商品仕様**　顧客が対価を払う対象である「効用」や「満足」を表現したもの。効用とは、そのものが何をしてくれるのか、どのようにしてくれるのかなどのこと。満足とは、壊れないか、感じが良いか、美しいか、価格はいくらぐらいするのかなどのこと。すなわち、その商品から顧客が得られる「うれしさ」をまとめたもので、「顧客の立場に立った表現」でなければならない。自動車部品でいえば、自動車メーカーが得られるうれしさであり、クルマのシステム上で必要となる機能・性能などを表現したものとなる。

[2] 製品仕様への置き換え（設計目標値の決定）

続いて、見極めた商品仕様を、造る側の立場の**製品仕様**[*9]に置き換えます。製品仕様は**設計目標値**とも表現できます。

つまり、商品仕様と製品仕様の関係はこうなります。商品仕様は、このようなものが欲しいという「必要条件」です。一方、製品仕様（設計目標値）は、商品仕様をもの（製品）という形にするための**必要十分条件**です（図2-4）[*10]。

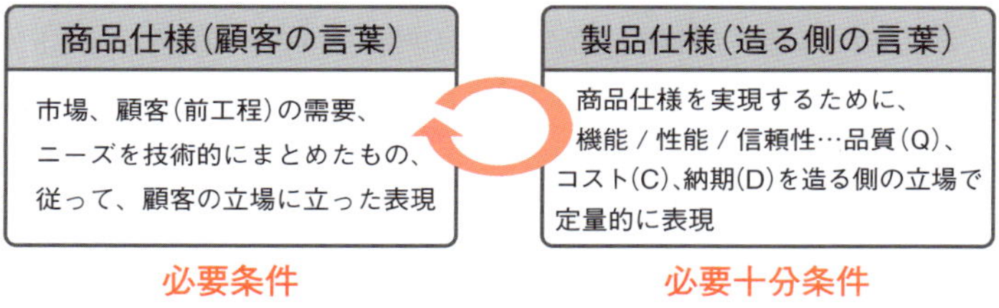

商品仕様（顧客の言葉）	製品仕様（造る側の言葉）
市場、顧客（前工程）の需要、ニーズを技術的にまとめたもの、従って、顧客の立場に立った表現	商品仕様を実現するために、機能／性能／信頼性…品質（Q）、コスト（C）、納期（D）を造る側の立場で定量的に表現
必要条件	必要十分条件

図2-4●商品仕様と製品仕様
（出所：ワールドテック）

＊9 製品仕様　商品仕様を「造る側の立場の表現」に置き換えたもの。機能や性能、信頼性、体格、美しさ、重さといった品質（Quality：Q）と、コスト（Cost：C）、納入時期（Delivery：D）などを造る側の立場で表現する。自動車部品では、自動車メーカーから提示された商品仕様を定量化し、車両環境や市場環境を考慮した上で、安全率や余裕度を加味して、「もの（製品）」として具現化するための仕様に置き換える。

＊10　製品仕様（設計目標値）の必要条件と必要十分条件の関係は、ものづくりの流れの前工程と後工程の間に存在する。例えば、「市場ニーズ」と「車両企画」、「車両企画」と「システム企画・開発」、「システム企画・開発」と「コンポーネント開発・設計」など、それぞれの工程間に存在する。仕様を出す側は必要条件を、受ける側はそれぞれの立場で必要十分条件に置き換えることになる（**図2-A**）。

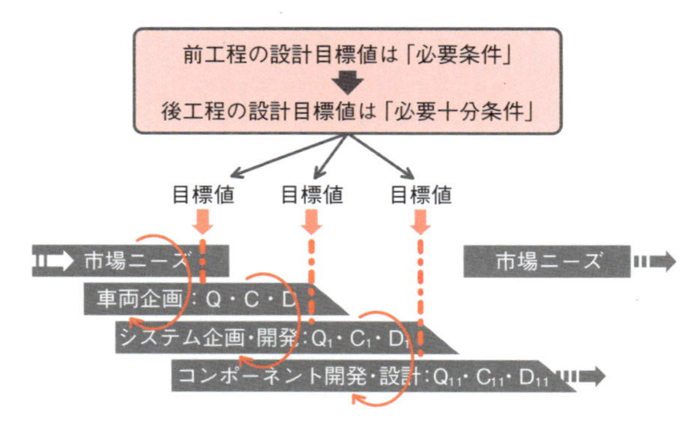

図 2-A ●製品仕様（設計目標値）の必要条件と必要十分条件の関係
設計目標値（目標値）は工程間に存在し、前工程が必要条件、後工程は必要十分条件となる。
（出所：ワールドテック）

[3] 設計目標値の定量化

設計目標値が決まると、設計目標値を達成するための方法や手順、構造、材質などを定量的に明らかに（見える化）します。

[4] 図面の作成と次工程（工程設計）への提供

設計目標値を定量的に見える化した内容を**図面**[*11]という手段で次の工程に渡します。次の工程とは生産準備工程のことで、一般に**工程設計**と表現します。

＊11 図面　設計目標値を達成する手段を定量的に見える化したもの。定量的に見える化したものは情報といえる。つまり、図面は設計目標値を達成するための情報の伝達手段である。

[5] 図面情報の具現化

工程設計に従って生産ラインが完成すると、図面の情報は100%もの（製品）に加工されます。これを具現化といいます。

point ▶ 図面とは、商品の出来を決定し、機能や性能を具現化するための方法や手順、構造、材質などを定量的に見える化した情報を、次の工程へ伝える伝達手段のことである（**図2-5**）。

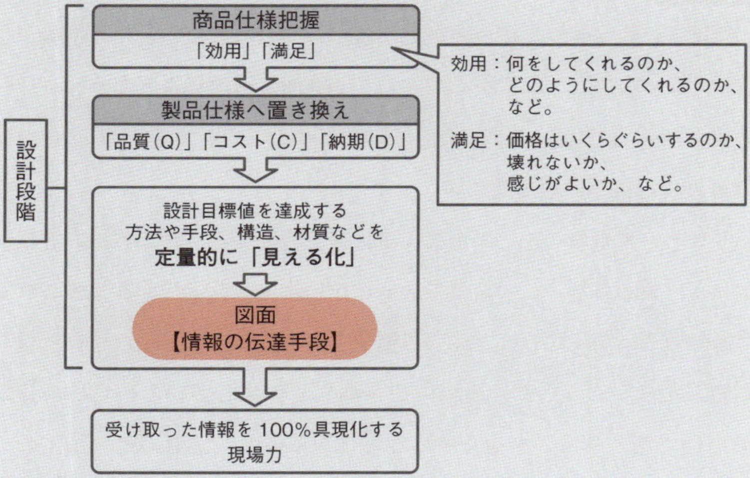

図2-5●図面は情報の伝達手段
（出所：ワールドテック）

2.2 設計段階で品質・コストの80%は決定される

先に、生産準備の工程が図面に表された情報を受け取ると、その情報を100%もの（製品）へ置き換えると述べました。そこでは生産現場の力、すなわち**現場力**が活躍します。現場力は情報を100%もの（製品）に置き換えます。そのため、次のような問題を抱えています。

受け取る情報が正しければ、現場力が受け取った情報をもの（製品）へ置き換えても何も問題はありません。しかし、受け取った情報に誤りがあると問題が生じます。その問題とは、誤った情報に基づいて加工され、結果として誤った情報に基づいたもの（製品）が造られるということです［Example 1］。

Example 1 操作スイッチの接点の耐久回数に関して、設計目標値を1万回以上に設定した。接点の図面には1万回は壊れないという情報がなければならない。ところが、誤って、1000回で導通不良となる接点材料や接点形状を図面に入れると、その情報に基づいて造られるものは1000回で導通不具合を起こすことになる。

トヨタ自動車のグループ企業には「前工程は神様、後工程はお客様」という言葉がある。この言葉の通り、生産現場は前工程から提供される図面の通りに加工すれば、設計目標値で決めた1万回は壊れないと信じて加工する。そう信じ、現場力を発揮して作業している現場の人達に1000回で壊れるものを造らせることになるのだ。図面の通り加工しているのに設計目標値の回数よりも早く壊れてしまう。しかし、生産現場では修正ができない。

だからこそ、図面に誤った情報があってはならない。絶対に不備や抜けがあってはならないのである。

つまり、Q（品質）やC（コスト）は図面の出来栄えが大きく影響する。設計段階の取り組みが品質とコストの80%を決定するともいえる。設計段階の取り組みは後工程に大きく影響を与えるのである（図2-B）。

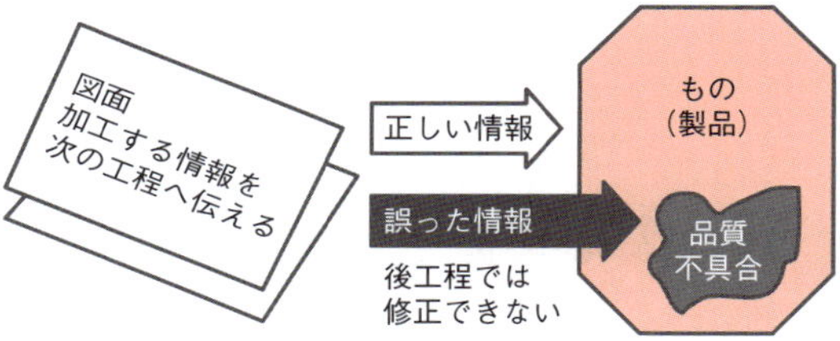

図 2-B ●図面が品質とコストの 80% を決定する
（出所：ワールドテック）

ここでは設計段階の取り組みに焦点を当てていますが、同様に、設計段階に続く工程設計は生産に大きな影響を与えます。要は、ものづくりの流れの中で、それぞれの工程は次の工程に及ぼす影響が大きいということです。中でも設計段階はものづくりの上流に位置しており、その分、下流に与える影響は甚大です。

point ▶ 図面に誤った情報があると、誤った情報に基づいてもの（製品）が造られてしまう。図面は品質とコストの大部分を決定する。

2.3 原価構成への設計の影響は圧倒的

原価構成とその要素、図面の関係を図 2-6 に示します*12。図面は原価を構成する全ての要素に関係しています。原価を直接的、もしくは間接的に決定するのです。すなわち、設計段階の取り組みが原価に大きく影響するということです。

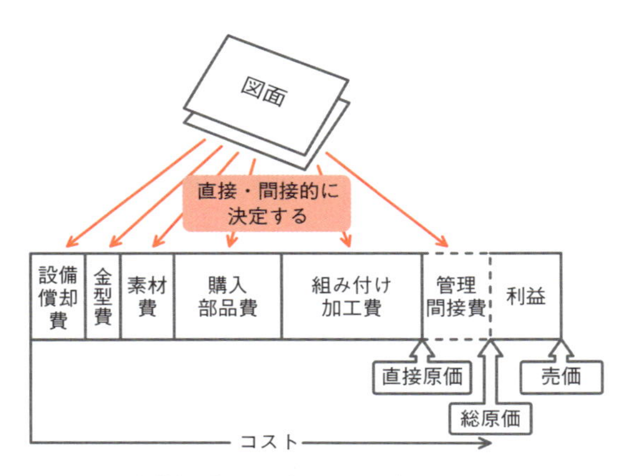

図 2-6 ●原価構成の全ての要素に図面は影響する
（出所：ワールドテック）

＊12　原価は次の５つで構成される。
［1］直接原価：設備償却費と金型費、材料費、購入部品費、組み付け加工費の合計
［2］総原価：直接原価に管理間接費を載せたもの
［3］管理間接費：製造間接費と販売管理費の合計
［4］製造間接費：製造、設計の管理部門の費用
［5］目標売価：総原価に利益を加えたもの

図面があるから製造業の仕事がある

製造業は図面があって初めて成り立ちます。以下の通りです。

［1］図面に示された部品の加工やサブアセンブリー（sub-assembly；途中組み付け）、アセンブリー（assembly；完成組み付け）の作業のために、必要な設備が決まります。

［2］図面に示された部品を造るために、必要な金型が決まります。

［3］図面には必要な材料が示されています。

［4］図面に示された部品などを購入します。

［5］図面に示された組み付け要領に従い、生産ラインが整備され、生産作業が行われます。

［6］図面を作成する設計部署の工数は、管理間接費に含まれます。

言い換えると、図面があるから設備や金型の仕事があり、材料を発注できて、外注先から部品を購入することが可能になります。図面があるからこそ、生産現場の作業が生まれるのです。つまり、図面があるから毎日仕事があるのです。

製造業の基本は、関係者や関係部署が図面という柱の周りで仕事をすることです。設計の仕事とは、製造業の基本の柱である図面を作ることに他なりません。

このように、他の部署もそれぞれの立場で影響を与えますが、設計が他の部署に与える影響の方がはるかに大きいのです。

point ▶ 設計段階は、原価を構成する全ての要素に関係する。図面があるからものづくりの仕事がある。

3. 設計段階を「やりきる」、それが「設計力」

ここまで、設計段階の取り組みがものづくりに大きな影響を与えることを取り上げました。具体的には、設計段階の活動が品質とコストをほぼ決定するということでした。従って、設計段階の活動は、この大きな影響力にふさわしいものでなければなりません。

では、設計段階の活動とはどのような取り組みでしょうか。第2章2.1（p.30）を振り返ると、設計段階の取り組みは「顧客のニーズをもの

（製品）という形にするために、そのニーズを図面という情報に置き換えること」です。

さらに、設計段階の取り組みは品質とコストに大きな影響力を及ぼすので、ニーズを図面という情報に置き換える活動は、その影響力にふさわしいものでなければなりません。

大きな影響力にふさしい取り組みを一言で表現すると、ニーズを図面という情報に置き換える活動をやりきることです。単に「やる」ではなく、やりきらなければなりません。「やる」と「**やりきる**」の間には天と地ほどの差があります。設計と名の付いた職場は、ニーズを図面という情報に置き換える活動を行っています。ただし、その活動は50％でも、99％でもいけません。100％でなければならないのです。なぜなら、先に述べた通り、情報に誤りがあると、その誤った情報に基づいて加工されてもの（製品）が造られるからです。その結果、品質やコストの条件を満たさないものが生産されます。

だからといって、実際に100％やりきることは難しく、至難の業です。大切なのは100％でなければならないことをしっかりと意識し、それに向かって取り組むことです。

100％やりきることを目指すこの取り組みを**設計力**と言うのです（図2-7）。

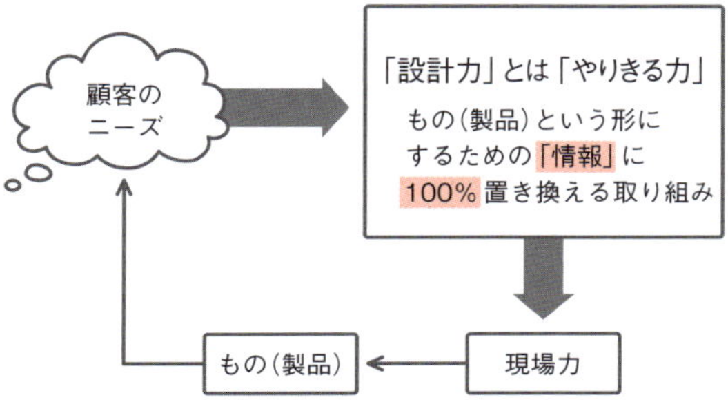

顧客のニーズ

「設計力」とは「やりきる力」
もの（製品）という形にするための「情報」に100%置き換える取り組み

現場力

もの（製品）

図 2-7●設計力とは「やりきる力」
（出所：ワールドテック）

point ▶ 設計段階とは「顧客のニーズを図面という情報に置き換える」取り組みを「やりきる」こと。この取り組みをやりきる力を「設計力」という。

4. 設計力は先行開発と量産設計にそれぞれ存在する

「設計力」は、顧客のニーズを図面という情報に置き換える取り組みをやりきる力であると定義できます。では、やりきるとは、具体的に何をやりきるのかについて解説しましょう。

4.1 設計段階は「先行開発」と「量産設計」から成る

顧客のニーズをもの（製品）として具現化するまでの流れは大きく4つに区分できます。[1] 先行開発、[2] 量産設計、[3] **生産準備**、[4] **生産**です。このうち、[1] の先行開発と [2] の量産設計が**設計段階**となります。生産準備と生産は**製造段階**と呼ぶことにします。

第2章1（p.30）では事例としてAWSのレインセンサーの開発を取

り上げ、顧客のニーズの把握から図面を次の工程に渡すまで、すなわち設計段階の取り組みを、順を追って具体的に説明しました。この取り組みを普遍的な言葉に置き換えます。

設計段階の取り組みの流れ

第2章1（p.30）で説明したAWSのレインセンサーの取り組みの［1］～［7］の流れを普遍的な表現に置き換えると、次のようになります。

普遍的な表現 ⇒ 第2章1（p.30）の［1］～［7］で紹介した設計段階の取り組み事例

ステップ1：商品仕様の見極め ⇒［1］顧客のうれしさを表す仕様を把握する

ステップ2：**ネック技術**[*13]のめど付け ⇒［2］職場の**基盤技術**への課題を把握し、技術的なめどを付ける

ステップ3：設計目標値の設定 ⇒［3］造る側の立場の仕様**Q（品質）**、**C（コスト）**、**D（納期）**を設定する

ステップ4：**構想設計** ⇒［4］基本性能確認とハードウエアとソフトウエアの切り分けなどを行う

ステップ5：**詳細設計** ⇒［5］メカニカル（機械）構造や電子回路、ソフトウエアの詳細設計を検討する

ステップ6：**試作品の手配** ⇒［6］試作図面の作成と試作品の製作を行う

ステップ7：**試作品の評価** ⇒ ［7］初期性能の評価や耐久性能の評価、市場評価を行う

ステップ8：**出図** ⇒ ［8］後工程へ量産図面を渡す

このように、設計段階の取り組みは8個のステップで構成されます。さらに、これらのステップは2つのグループに分けられます。ステップ1～2の前半のグループと、ステップ4～8の後半のグループです（ステップ3については後述）。

前半のグループであるステップ1～2は商品仕様を把握し、ネック技術のめどを付けます。顧客のニーズに対し、技術的に対応可能かどうかを検討している段階です。つまり、開発を量産設計に進める可否を判断するグループです。

これに対し、後半のグループであるステップ4～8は構想設計から詳細設計、試作品手配、試作品評価まで、量産図面を次の工程に渡す出図に向けた取り組みをひたすら行います。このグループは、対応の可否でなく、やり通すことが問われます。

ここでステップ3はどうかといえば、実は前半と後半の両グループにまたがります。競合企業に対する**差別化設計目標値設定**は前半のグループの取り組みであり、量産のための**量産設計目標値設定**は後半のグループの取り組みです。差別化設計目標値とは、競合企業に勝つために設定する目標項目とその値のこと。量産設計目標値とは、設計する上で必要な全ての目標項目とその値のことです。差別化設計目標値はこのスペックでは絶対に負けない、これを強みにするという設計目標値であり、量

産設計目標値は製品カタログに一覧表として載せる仕様です（なお、差別化設計目標値と量産設計目標値の違いについては第3章と第4章に譲ります）。

ステップ3が両グループにまたがることから、結局、前半のグループはステップ1〜3、後半のグループはステップ3〜8となります。そして、この前半のグループを「先行開発」、後半のグループを「量産設計」と呼びます（図2-8）。

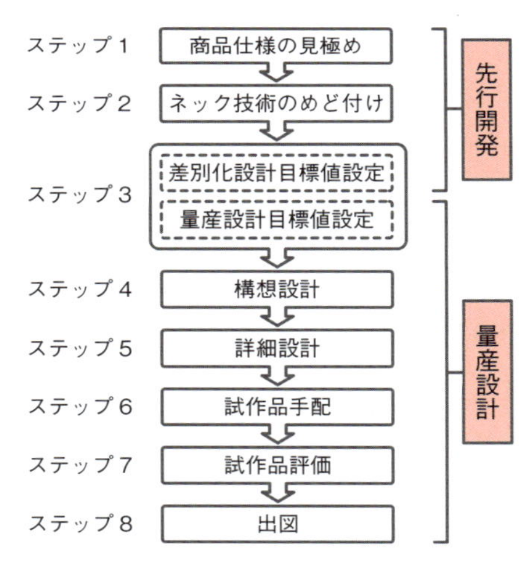

図2-8●設計段階は「先行開発」と「量産設計」から成る（出所：ワールドテック）

＊13 ネック技術　職場に備わっている基盤技術だけでは対応できない技術課題のこと。ネック技術のめど付けは、現在の実力と必要な技術とのギャップや、技術の阻害要因を打破しなければならない。詳しくは第3章で取り上げる。

point ▶ 設計段階は、「先行開発」と「量産設計」から成る。先行開発は、商品仕様の見極めと差別化設計目標値の設定を行い、ネック技術のめど付けを実施して、量産設計へ移行してよいかどうかを判断する。そして、量産設計は、量産設計目標値設定や構想設計、詳細設計、試作品の製作と評価と、出図に向けた取り組みをひたすら実施する。

4.2 先行開発と量産設計は何をやりきるのか

第2章3（p.43）で取り上げた通り、設計段階はやりきる必要があります。つまり、先行開発と量産設計のそれぞれを**やりきる**ということです。先行開発と量産設計の両方でアウトプットが100％となるように取り組まなければならないのです。

先行開発でやりきること

先行開発の活動は、商品仕様を見極め、競合企業に勝つための差別化目標値を設定して、その目標値が持つネック技術をめど付けすることでした。そうすれば、先行開発から量産設計に移行してよいと判断できます。つまり、先行開発のアウトプットは「差別化設計目標値」であり、**基盤技術**の課題に対してめどを付けた「技術」です。

従って、先行開発でやりきることは2つあります。1つは「差別化設計目標値の設定」をやりきること。もう1つは、その目標値が持つ「**ネック技術**のめど付け」をやりきることです。これらはまさに技術で勝負する活動です。なお、それぞれの詳細については「先行開発段階の設計力」として第3章で取り上げます。

量産設計でやりきること

量産設計は出図への取り組みをひたすら行うことでした。アウトプットは図面です。一方、その図面に誤った情報があると、誤った情報に基づいてもの（製品）が造られるという現実があります（第2章2；p.36参照）。従って、量産設計をやりきるとは、「図面に現された情報に誤りがない」ようにする取り組みです。しかし、抽象的な表現なので、もう一段掘り下げて意味するところを述べましょう。

量産設計は、構想設計と詳細設計、試作品手配、試作品評価[*14]をひたすら行います。目指すところは、量産設計のスタート段階で決める「量産設計目標値の達成」です。

では、量産設計目標値を達成するとはどのようなことでしょうか。その答えの前に、**品質不具合**とは何かを考えます。品質不具合というと、すぐに思い浮かぶのは、破壊や割れ、変形、緩み……などの故障モードです。こうした故障モードが発生すると、顧客に迷惑が掛かります。そのため、顧客は不満を持ちます。なぜ不満を持つかというと、顧客が期待する機能や性能、美しさなどの役割を果たせず、満足度のレベルが低下するからです。これが品質不具合です。

従って、品質不具合とは「量産設計目標値を満足しなくなること」と表現できます。繰り返しになりますが、破壊や割れ、変形、緩みなどが発生すると、結果として美しさなどの設計目標値を満足しなくなる。これが顧客にとって問題なのです。

つまり、「量産目標値の達成」とは「品質不具合を起こさない」ということに他なりません。品質不具合を起こさないとは、**工程内不良**が「0」、**納入先不良**「0」、**市場クレーム**「0」を意味します。

すなわち、量産設計を「やりきる」とは、設計要因の工程内不良がゼロ、納入先不良がゼロ、市場クレームがゼロを達成する取り組みです。言い換えると、「100万個造ったとしても、1個たりとも品質不具合を出さない」取り組みと言い換えることもできます*15。

＊14　近年ではシミュレーション技術を取り入れたシステム開発手法であるモデルベース開発（Model Based Development：MBD）や、電子制御ユニット（ECU）のテスト装置であるHILS（Hardware In the Loop Simulator）などを活用し、試作品を製作する回数や試作品の数を減らす取り組みが進み、開発期間も短くなってきている。これらの活用も広い意味での試作品の評価といえる。

＊15　現実に工程内不良や納入先不良、市場クレームの全てでゼロを実現し、維持し続けている職場や企業は稀有（けう）であろう。これはつまり、量産設計目標値を満足する図面を作る企業は珍しいということだ。多くの企業は、量産設計目標値を満足しない図面を次の工程に渡しているという厳しい現実がある。

point ▶ 「先行開発をやりきる」とは、「差別化設計目標値の設定」と「ネック技術のめど付け」を行うことである。「量産設計をやりきる」とは、設計要因の工程内不良がゼロ、納入先不良がゼロ、市場クレームがゼロを達成することである。

5. 先行開発は「優位性」を確保し、量産設計では「信頼」を得る

近年は人工知能（AI）やIoT（Internet of Things）、第5世代移動通信システム（5G）と技術の進化は目覚ましいものがあります。しかし、製造業を取り巻く環境がいかに変わろうと、製造業の基本は、競合企業

に対して「優位性」を保ち、かつ顧客から「信頼」され続けることにあります。これは普遍的に取り組まなければならない課題です。これらのうち、「優位性」は先行開発で、「信頼」は量産設計に依存します。

5.1 先行開発で競合企業への「優位性」を確保する

設計目標値は、品質（Q）、コスト（C）、納期（D）から成ります。従って、競合企業に対して優位に立つとは、これら3つの要素のうち1つ以上が競合企業よりも勝っていなければなりません。

同じ優位に立つなら、競合企業を圧倒するに越したことはありません。他社を圧倒する設計目標値を**ダントツ目標値**と呼ぶことにします。また、品質（Q）の定義は機能や性能、信頼性、体格、美しさなどです。従って、品質（Q）に関して他社を圧倒する設計目標値は**ダントツ機能**や**ダントツ性能**などと表現できます。そして、コスト（C）に関して他社を圧倒する設計目標値は**ダントツコスト**です。

では、ダントツ性能やダントツコストのめどがいつ立つのかといえば、先行開発の段階です。先行開発は「差別化設計目標値」を設定すると述べました。この目標値がダントツ性能であり、ダントツコストなのです。

ダントツ目標値が決まると、次はネック技術のめど付けです。これができれば、他社を圧倒する立ち位置に進めます。他社に対する「優位性」を確保できるのです。他社への優位性を確保する取り組み、それが先行開発です。

5.2 量産設計は顧客の「信頼」を保つ

顧客から一旦受注したら、次のモデルも受注できなければなりません。受注は継続が大切です。それには顧客から信頼を得ることが重要となります。

顧客からの信頼とは、「あの会社なら、この製品を安心して任せられる」と思ってもらえること。そのためには、100万個発注したとしても、1個たりとも不良を出さない取り組みを実現しなければなりません。たとえ他社にない独自技術を持っていても、価値の高い特許を有していても、「この会社は量産を任せるには不安がある」と判断すると、顧客は別の会社を検討します。

先行開発で優位性を確保しても、それだけではまだ市場に出せるレベルではありません。独自技術があっても顧客は安心しません。量産設計により、市場に耐えるレベルにしなければならないのです。市場クレームゼロを目指す取り組みです。もちろん、工程内不良ゼロ、納入不良ゼロも含まれます。これらが顧客にとっての安心であり「信頼」です。顧客の信頼を獲得する取り組み、それが量産設計です（図2-9）。

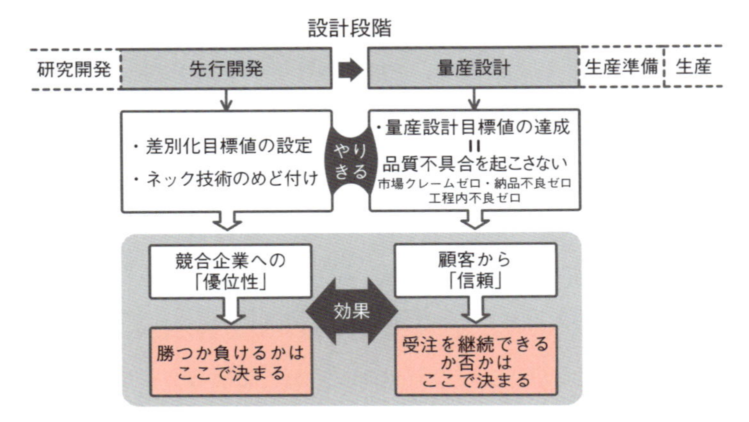

図 2-9●先行開発は「優位性」、量産設計は「信頼」をもたらす
（出所：ワールドテック）

point ▶ 先行開発で競合企業に対する優位性が決まる。勝つか負けるかはここで分かれる。一方、量産設計では顧客からの信頼が決まる。次も受注できるか否かはここが勝負どころとなる。

6. 先行開発と量産設計はスパイラルアップする

先行開発と量産設計は互いに高め合います。先行開発でとがった技術を確立し、量産設計でその技術を市場に耐えるレベルに高めます。それぞれをやりきるのは簡単ではありません。だからこそ、やりきると職場の基盤技術にノウハウが積み上がり、より高いレベルの設計ができるようになるのです。

つまり、先行開発と量産設計は好循環的な**スパイラルアップ**の関係にあります（図 2-10）。スパイラルアップを繰り返すと、メカ（機械）

からメカトロニクス（機械と電子の融合、電子化）、半導体と手掛ける分野が広がっていきます［Example 2］。

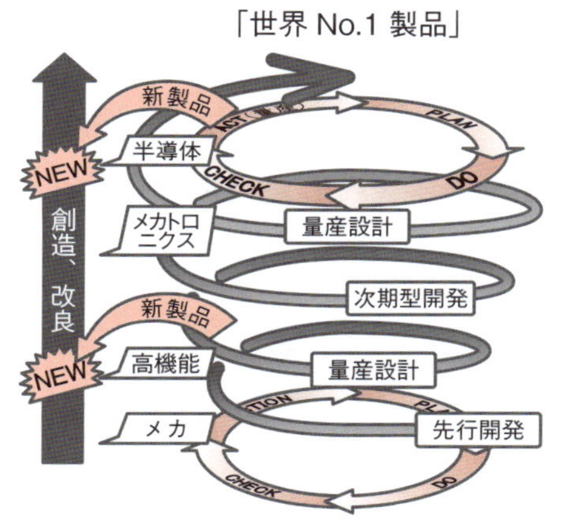

図2-10●先行開発と量産設計は好循環的にスパイラルアップする
（出所：ワールドテック）

Example 2 メカがオール電子化された例に、エンジンの点火時期制御（ESC）がある。オールメカ方式だった第1世代から第4世代まで次第に電子化が進んだ。第1世代はオールメカの構造で、フロントフードを開けると、点火コイルとディストリビューターと呼ばれる金属の塊が見えた。第2世代は一部が電子化された。高電圧を発生するメカ接点がパワートランジスター式（イグナイター）に置き換わった。

第3世代は、点火時期のタイミングがメカ制御（ガバナーとバキュームコントローラーによる制御）からエンジンコンピューターによる高精度な制御へと進化した。そして、第4世代は、点火コイルを点火プラグに直結し、最後に残ったメカ機構のディストリビューターが廃止された。加えて、イグナイター（点火装置）が半導体回路化され、点火コイルと一体となった。およそ30年間でオールメカがオール電子化されたというわけだ。

技術は数年から10年も経てば**過去の遺物**となります。そうした状況に陥る前に、先行開発と量産設計の好循環的**スパイラルアップ**を押し進め、技術を刷新する一段高い**基盤技術**を手に入れたいものです。

point ▶ 先行開発と量産設計は好循環的なスパイラルアップの関係にある。それぞれをやりきると、職場の基盤技術が向上する。

第3章

ダントツ目標値を実現する先行開発段階の取り組み

第3章 ダントツ目標値を実現する先行開発段階の取り組み

第2章で、先行開発はダントツ目標値の設定と、それを実現するためのネック技術（職場に備わっている基盤技術だけでは対応できない技術課題）にめどを付ける取り組みであると述べました。これにより競合企業に対する優位性を確保し、受注の可能性を高めることができます。そのためにも先行開発をしっかりとやりきらなければなりません。第3章では、**先行開発**をやりきる取り組みについて詳しく解説していきます。

1. ダントツ製品とは

第2章2（p.36）で製品の設計目標値は、**QとC（コスト）とD（開発期間・納期）**の3つの要素で構成されると述べました。Qは機能や性能、信頼性、体格、重さ、美しさなどです。

他社を圧倒する設計目標値を**ダントツ目標値**と呼びます。競合企業よりも優位に立つには、他社を圧倒しなければなりません。それには、ダントツ目標値を持つ製品が必要です。このダントツ目標値を持つ製品を**ダントツ製品**と呼び、「QとCとDのうち、少なくとも1つがダントツ目標値である製品」と定義します（図3-1）。

世界で生き残るにはダントツ製品を目指し、ダントツのQとCとD、すなわち「ダントツ目標値」への取り組みを行わなければなりません。

世界一の製品というと、シェアや販売数量が世界一であることを表す場合が多いのですが、通信端末は米国や中国、韓国の企業がシェアの首

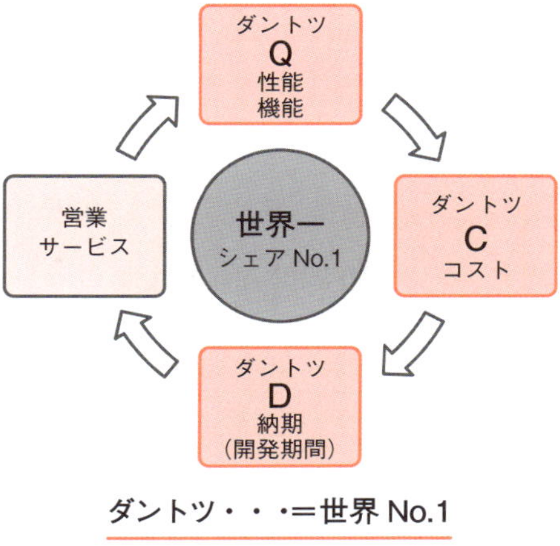

ダントツ
Q
性能
機能

営業
サービス

世界一
シェア No.1

ダントツ
C
コスト

ダントツ
D
納期
（開発期間）

ダントツ・・・＝世界 No.1

図 3-1 ● ダントツ製品とはＱとＣとＤのうち１つ以上がダントツ
（出所：ワールドテック）

位を争い、自動車では合従連衡で自動車メーカーグループの販売台数の首位が入れ替わります。言うまでもなく、世界で最も売れるには、顧客に選んでもらわなければなりません。そのためには、製品に優位性が必要です。

しかし、実際は製品の良さだけを理由に顧客が購入する製品を選んでいるわけではないということも分かっています。企業の営業力はもちろん、その企業の歩んできた歴史やブランド力が関係する場合もあります。顧客に選ばれるには、企業を取り巻くさまざまな要因が絡んでくるのです。しかし、ここで取り上げるのは、営業力でもなく歴史、ブランド力でもありません。製品の優位性をいかに確保できるか、この１点に絞っています。競合企業よりも優位性を持つ製品が、**ダントツ製品**であり、**世界 No.1 製品**と呼ぶにふさわしいのです。

2. ダントツ製品のめどを付ける基本フロー

第2章に示した通り、ダントツ目標値のめどを付けるのが先行開発で、めど付けした製品を市場に耐えるレベルに高めるのは量産設計です。それぞれの基本フローを図3-2に示します。

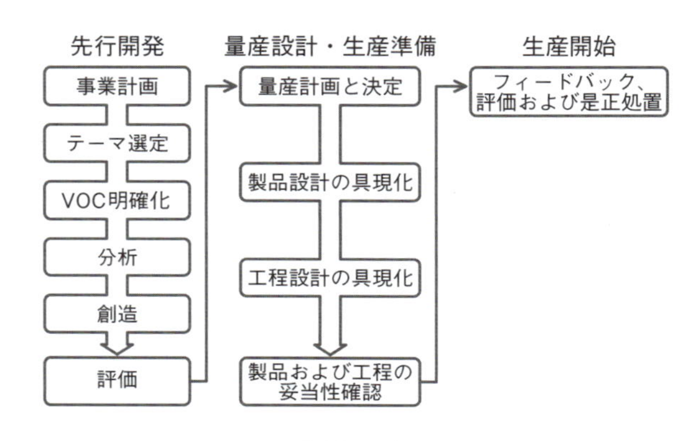

図3-2●先行開発と量産設計の基本フロー
（出所：ワールドテック）

［1］先行開発と量産設計の基本フロー

先行開発と量産設計の基本フローは以下の通りです。

（1）先行開発基本フロー

① R0：事業計画：職場の課題の把握と今後の対応方針。例えば、新システムが登場した場合、既存品の拡販で乗り切るか、新商品を開発して売り上げ拡大を狙うかなどの方針を決める。

② R1：テーマ選定：拡販する顧客や新システム、新商品を選定する。

③ R2：VOC明確化：顧客の声（Voice Of Customer）、つまり商品仕様を見極める。

④ R3：分析/目標設定：商品仕様を踏まえて、製品仕様であるダントツ目標値を設定する。

⑤ R4：想像：ダントツ目標値を実現する技術的な課題を見極める。

⑥ R5：評価：ダントツ目標値を技術的にめど付けできるかどうかを検証する。

（2）量産設計基本フロー

① D1：量産の計画と決定：製品仕様の詳細な決定と、各仕様を満たす構想設計を行い、売り上げや利益を見込んで詳細設計への移行を判断する。

② D2：製品設計の具現化：詳細設計を行い、アウトプットである図面を作成する。

③ D3：工程設計と具現化：図面に基づき、量産ラインの工程の設計と設置を行う。

④ D4：製品および工程の妥当性の確認：量産ラインで試しにものを造り（量産試作）、量産ラインの完成度と製品の出来栄えを検証する。

⑤ D5：フィードバック、評価および是正処置：量産試作検証で問題点が見つかれば、製品設計や工程設計へフィードバックして対策をする。量産開始後に品質不具合が生じれば是正処置を行う。

このうち、先行開発の基本フローは大きく3つに集約できます。

・R0～R1：ダントツを目指して開発するシステムと製品を選定する。

・R2～R3：ダントツ目標値を設定する。

・R4～R5：ダントツ目標値が持つ技術課題のめどを付ける。

以下、基本フローを順に次のように呼ぶことにします（図3-3）。

(1) **製品の選定**（R0～R1）

(2) **ダントツ目標値の設定**（R2～R3）

(3) **ネック技術のめど付け**（R4～R5）

先行開発

製品の選定	ダントツ目標値の設定	ネック技術のめど付け	量産設計

図3-3●先行開発の3つの段階
（出所：ワールドテック）

[2] 先行開発の基本フローの課題

(1)～(3)の先行開発の基本フローには乗り越えなければならない課題があります。

(1) 製品の選定の課題

上位システムを理解し、コンポーネント（製品）に落とし込むことが大切です。以下のことを見極めて、製品の選定の方向付けをしなければなりません。

・車載部品では、パワートレーン系やボディー系など分野別のシステムの動向を見極める。

・各システムで使われるコンポーネントの種類と動向を見極める。
・コンポーネントの市場規模を見極める。
・世界の企業を対象とするか、もしくは特定企業向けに絞るかを見極める。これを踏まえて、汎用システムに対応するか、もしくは限定されたシステムに特化するかを判断する。
・リソースが確保できるかを見極める。

（2）ダントツ目標値の設定の課題

ダントツ目標値を設定するには、目標項目の妥当性と目標値の妥当性、システム動向との整合性、成長タイミングとの整合性の4つの課題を乗り越える必要があります。こうしないと満足するダントツ目標値は設定できません。詳しくは第3章3（p.64）で紹介します。

（3）ネック技術のめど付けの課題

ダントツ目標値に到達するためには、現在その企業にある基盤技術だけでは対応できない場合がほとんどです。ダントツ目標値を実現するために必要な技術がネック技術です。ネック技術のめどを付ける際の課題は、限界目標値の算定や阻害要因の抽出、阻害要因を打破するための体制や組織をつくることです。詳しくは第3章5.3（p.135）で解説します。

このように、先行開発の基本フローを進めるには、多くの課題に取り組まなければなりません。そのためには、多くの仕組みや技術、課題の取り組みにふさわしい人や組織が必要です。すなわち、先行開発の設計力を高めなければならないのです。

先行開発の設計力は第３章４（p.82）で取り上げますが、その前に、(2) のダントツ目標値の設計の課題を理解してください。なぜなら、３つの課題の中でもこの課題が特に重要だからです。(1) の製品の選定の課題はダントツ目標値を見いだすための取り組みです。(3) のネック技術のめど付けの課題はダントツ目標値を技術的にめど付けする活動です。すなわち、全てダントツ目標値を実現するための取り組みなのです。

3. ダントツ目標値は根拠が大切（ダントツ目標値の４要件）

続いて、ダントツ目標値の課題を解説します。ダントツ目標値は思い付きで決めるのではなく**根拠**が何よりも大切です。この根拠を「要件」と呼ぶことにします。ダントツ目標値の要件を理解するには、要件の前提である「真のニーズ」と「ダントツ目標値」の関係を理解しておかなければなりません。

[1] 真のニーズ

ダントツ目標値は、**真のニーズ**を見いだし、それを踏まえて設定する必要があります。自社が根拠なく思う値ではなく、顧客にとって価値がある値でなければなりません。

真のニーズは、(1) うれしさと (2) 商品仕様とで表現できます。

(1) うれしさ

うれしさとは、顧客が「こうありたい」という思いを表したものです。一般に定性的な表現を使います*1。

＊1　うれしさの例には以下のようなものがある。
・システム上で○○が可能となれば、もっと使いやすくなる。
・△△ができれば、もっと便利になる。
・□□ができれば、スペースが増え、組み付けやすくなる。
・◇◇があれば、統合化で部品点数が減り、システムのコストダウンにつながる。

（2）商品仕様

商品仕様とは、うれしさを技術的仕様で表したものです。できる限り定量的に表現します*2。従って、真のニーズとは、顧客のうれしさを見いだし、商品仕様に置き換えたものと表現することができます。

＊2　商品仕様の例には以下のようなものがある。
・○○が可能で使いやすくなる⇒□□機能を追加する
・△△で便利になる⇒性能をＸからＹへ高める
・◇◇でスペースが増えて組み付けしやすくなる⇒体格をＡ％小さくする
・□□で部品点数が減り、システムコストダウンになる⇒耐久性をＢ倍に上げる

［2］ダントツ目標値

ダントツ目標値とは、新たな真のニーズを踏まえたものです。商品仕様に安全率や余裕度、使用環境条件などを考慮し、定量的に表した仕様となります*3。すなわち、ダントツ目標値は新たな真のニーズを踏まえ、開発設計に必要な製品仕様に置き換えたものです。

これが新たな真のニーズとダントツ目標値の関係となります（図3-4）。大切なのは、ダントツ目標値は、新たな真のニーズを満足する値ということです。このことを踏まえ、ダントツ目標値の根拠となる要件を

取り上げます。その要件は４つあります。

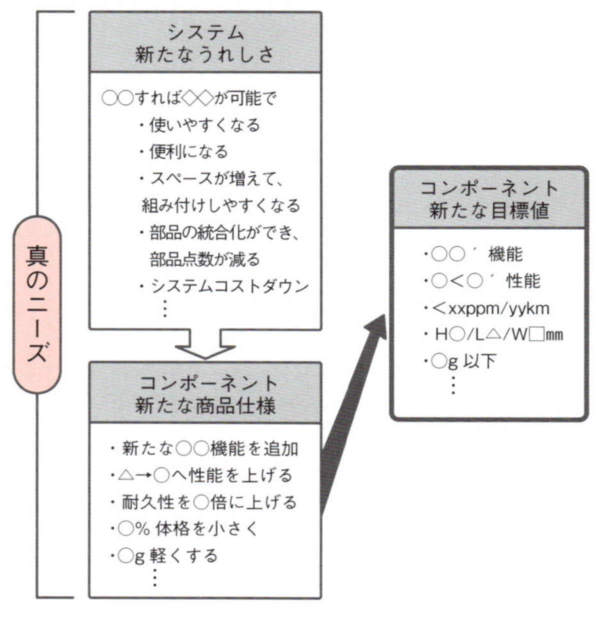

図 3-4 ●真のニーズとコンポーネントの目標値
（出所：ワールドテック）

＊3　ダントツ目標値の例には以下のようなものがある。
・□□機能を追加する⇒△△仕様の機能とする
・性能を X から Y へ高める⇒性能を Y から Ý′ に高める。これは余裕度や安全率を加味するためである
・体格を A %小さくする⇒高さ○×長さ△×幅□ mm と具体的に表す
・耐久性を B 倍に上げる⇒時間を Z 倍にし、かつ安全率を確保するために耐環境温度を＋α℃にする

ダントツ目標値の４要件

先にダントツ目標値は真のニーズを満足していなければならないと述

べました。従って、真のニーズを満足しているという根拠が必要です。その根拠がここで取り上げる**ダントツ目標値の４要件**です。

第１要件：目標項目の妥当性

第２要件：目標値の妥当性

第３要件：システム動向との整合性

第４要件：成長タイミングとの整合性（荒天準備）

これらを順に解説しましょう（図3-5）。

ダントツ目標値の４要件	
第１要件	目標項目の妥当性
第２要件	目標値の妥当性
第３要件	システム動向との整合性
第４要件	成長タイミングとの整合性

図3-5●ダントツ目標値に必要な４つの要件
（出所：ワールドテック）

①第１要件：目標項目の妥当性

ダントツを狙う目標項目には、真のニーズを満足しているという根拠が必要です。この項目がダントツを狙う項目として妥当であるという理由をしっかり持たなければなりません。

（ｉ）目標項目を絞り込む

ダントツの目標項目とは、商品の優れた特徴（売り）は何かということです。目標項目を選ぶと売りが決まります。しかし、全ての項目（製品仕様）を選ぶのは現実的ではありません。勝負する目標項目を絞り込みましょう[*4]。その絞り込みのよりどころが、真のニーズです。

＊4　Q（Quality）だけでも、機能や性能、信頼性、体格、重さ、美しさ、取り付けのしやすさなど数多くの要素から成る。他にＣ（Cost：コスト）やＤ（Delivery：開発期間・納期）もある。全ての項目をダントツ項目にするのは現実的ではない。

（ⅱ）真のニーズの掘り起こし方

項目のよりどころは真のニーズにあります。真のニーズを見いだし、その中から項目を選びます。それが項目の妥当性です。その方法を２つ紹介します。⑴ 上位システムを調査すること、⑵ 他社製品の情報から真のニーズの可能性を見いだすこと、です。

（1）上位システムを調査する

ニーズを見いだすと聞いてすぐに思い浮かぶのは、顧客にうれしさを直接聞くことです。しかし、期待通りの答えが返ってくるとは限りません。顧客は、現状の性能に満足しており、真のニーズに気がついていないことがあります。また仮に「このような機能が欲しい」と顧客が思っていたとしても、それを競合企業に伝える可能性もあります。自社だけに教えてもらうのは難しいでしょう。

ではどうするか。それは、自分たちが**部品技術者**であったとしても、**システム技術者**として取り組むことです。分かりやすく表現すると、たとえ部品メーカーや材料メーカーの技術者であったとしても、自動車などの最終製品を扱う技術者のつもりで取り組む、ということです。こうして顧客の立場に立ち、真のニーズを見いださなければなりません（図3-6）。

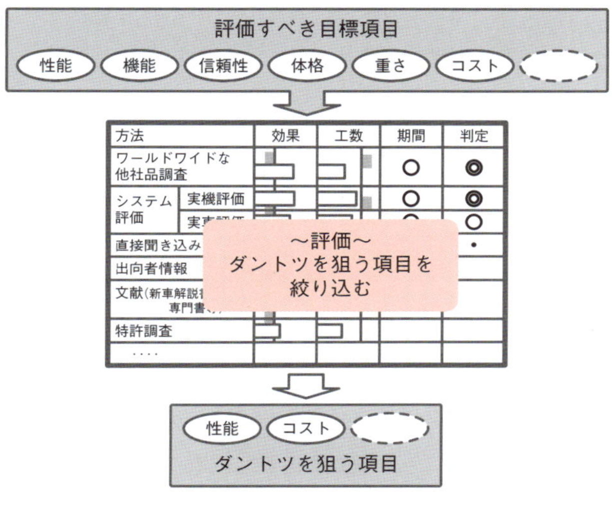

図 3-6●第 1 要件：目標項目の妥当性（ダントツを狙う項目を絞り込む）
（出所：ワールドテック）

そのためには、システム技術者として調査し、真のニーズを掘り起こす必要があります。システム技術者として調査する際の調査方法には次のようなものがあります*5。

・上位システムの現物（実機や実車）の調査

・上位システム企業の出向者からの情報収集

・文献〔新車解説書、米国自動車技術会（SAE）ペーパー、自動車技術会報、専門書〕の調査

・特許の調査

システム技術者として取り組むことで、「この性能には真のニーズがありそうだ」「この機能は真のニーズと分かっているが、実現できていない［Example 1］」「もっと小さくしたり、もっと軽くしたりするとシス

テムメリットが得られる」「この機能を簡素化するともっと安くできそうだ」といったことが見えてきます。

＊5　例えば、エンジン単体はクルマと比べるとはるかに安い。自動車での調査も、中古車を買えばそれほど大きな費用の負担にならない。新車解説書や修理書、さまざまな専門書からも知見を得ることができる。特許のトレンド調査も有効である。可能であれば、上位システムを担当している部署や顧客に聞くこともチャレンジしてほしい。一歩踏み出せば、いろいろな方法が見えてくる。

Example 1 この機能が顧客の真のニーズであると分かっているが、まだ実現できていなかった時に取り組んだ事例を紹介する。オートワイパーシステム用レインセンサーの開発での取り組みだ（第2章参照）。このシステムは、フロントガラスに付着した雨滴の状態をセンサーで検知し、内蔵のマイコンで雨の降る状態に合ったワイパースピードを決定。ボディーの電子制御ユニット（ECU）がこのセンサーからの信号に応じてワイパーを駆動させるというシステムだった。1990年代後半に国内で初めて車両に搭載された。当初はオプション設定だったが、2年ほどたって車両グレードによる標準設定が決まった。その標準設定用に性能を高め、かつコスト削減を施した次期型製品を開発することになったのである。

この開発で、世界で初めて「オートイニシャライズ機能」を搭載した。クルマに乗った際に雨はやんでいるが、フロントガラスには水滴が残っている場合がある。このときに、クルマを始動させる（キーをオンにする）と同時に自動でワイパーが一拭きして視界を確保する機能が、オートイニシャライズ機能だ。従来は手動でワイパースイッチを操作して拭かなければならなかったが、これを自動化したのだ。当時、独ボッシュ（Bosch）など数社がこのセンサーを市場に出していたが、オートイニシャライズ機能はなかった。この機能に対するニーズはあったが、実現していなかった。この事実を見いだし、開発目標項目にオートイニシャライズ機能を設定して実現した。

（2）他社製品の情報から真のニーズの可能性を見いだす

他社製品の調査から、真のニーズに関する目標項目の候補を見いだすことができます。これを行うのは、例えば、世界の競合企業の製品コンセプト（仕様の実力）に差異がない場合です。仕様の実力に差異がないというのは、機能や性能、体格、信頼性、コストに大きな差がないということです。

他社製品の調査から真のニーズの可能性を見いだす方法は、以下の通りです。

①ワールドワイドなベンチマーク

ワールドワイドなベンチマークにより、差異がない仕様を見いだします。ワールドワイドなベンチマークとは、世界の競合企業の製品を入手し、性能や構造を精査して、コストを試算をすることです。

②管理上の原因の推定

差異がない仕様の**管理上の原因**を推定します。管理上の原因とは、仕事のやり方のまずさの真の原因です。管理上の原因を見いだす手法にはなぜなぜ分析が有効です。

③ダントツ目標項目の候補の絞り込み

管理上の原因を裏返せば、他社を凌駕できる**開発方針**となります。仕様Aの開発方針は自社で対応可能と判断すれば、仕様Aがダントツ目標項目の候補となります［Example 2］。

Example 2 筆者がダントツ製品を目指して開発していた時の経験だ。ワールドワイドなベンチマークを行った。多くの企業が拮抗しており、いわゆる「ダントツ企業」が存在していなかった。そこで、世界の主要な競合企業の製品を入手し、製品の性能や体格、コストを徹底的に精査して比較した。その結果、どの企業も性能やコストなどが類似しており、差異化できていないことが分かった。

そこで、なぜ差異化できていないかについて、仕事の取り組み方、すなわち「管理上の原因」を検討した。そして、その管理上の原因を踏まえて、ダントツ製品を目指す目標項目を絞り込んだ。その際、管理上の原因の見極めにはなぜなぜ分析を使った。

問題点を「ダントツ企業が存在しないこと」とし、ベンチマークの結果から第1原因を「性能差なし、コスト差なし」とした。続いて、第2原因と第3原因を考察し、管理上の原因につなげた。管理上の原因は「上位システムを考えていない」「大胆な技術的発想がなされていない」というものだった。この管理上の原因を裏返し、開発方針とした。それは、「システム全体から真のニーズを把握し、ダントツ性能を達成する」「大胆な発想から生まれる差異化技術による、ダントツコストを達成する」であった。他社製品の調査からダントツ目標項目の候補を、ダントツ性能とダントツコストに絞り込んだ。

②第2要件:目標値の妥当性

ダントツ目標項目を選んだので、次はその目標値を決めなければなりません。ダントツ目標のうち、ダントツ性能の目標値には満たさなければならない3つの条件があります。

(i)目標値はシステム上の真のニーズを満たさなければならない

目標項目は、真のニーズを満たす可能性が高い項目です。絞り込んだ項目から目標となる値を見いださなければなりません。その値が真のニーズを満たすものとなります。「この値しか実現できそうにないから、このレベルにとどめておこう」とするのではなく、真のニーズありきで値を設定しなければなりません[Example 3]。

Example 3 機能も仕様の観点では目標値だ。第2章で紹介したレインセンサーで、フロントウインドーに付く泥水を検知する機能の追加を検討したことがあった。レインセンサーの搭載場所がフロントウインドーであり、泥水検知技術がレインセンサーの基盤技術の延長線上にあったからだ。当時はこの機能の追加が、顧客にとってのうれしさ(真のニーズ)を提供できると判断したのである。レインセンサー機能の2ランクアップだ。ただ、この機能アップは、カメラなど前方視認技術が急速に進化していた時期と重なり、実現はしなかった。しかし、実現していればダントツ目標値を持つ製品となった可能性もある。

（ii）目標値は競合企業が容易に実現できないものでなければならない

真のニーズに見合う目標値は、現状に比べて高いレベルの値となります。ネック技術が存在し、競合企業がすぐには乗り越えることができないと思われる値であることが大切です。もちろん、自社はその値を乗り越えていかなければなりません［Example 4］。

Example 4　［Example 2］で紹介したものと同じ事例だ。性能をダントツの目標項目に選んだ後、システム技術者の目線で上位システムを調査し、ダントツの目標値を掘り下げていった。上位システムの実機調査や出向者からの情報収集、新車解説書などの文献を調査し、関連特許も調査した。その結果、性能を数倍上げると、部品の統合化と取り付け加工の簡素化などのシステムコストダウンが見込めた。もちろん、この目標値はワールドワイドなベンチマークから他社は容易に達成できない値と判断したものだ。

（iii）目標値は思い込みの値であってはならない

真のニーズの掘り下げが不十分で、真のニーズではないものを真のニーズと勘違いして開発を進めることも現実には起こり得ます。それではダントツ製品にはなりません。従って、思い込みの目標値であってはならないのです［Example 5］。

以上を図3-7に示します。

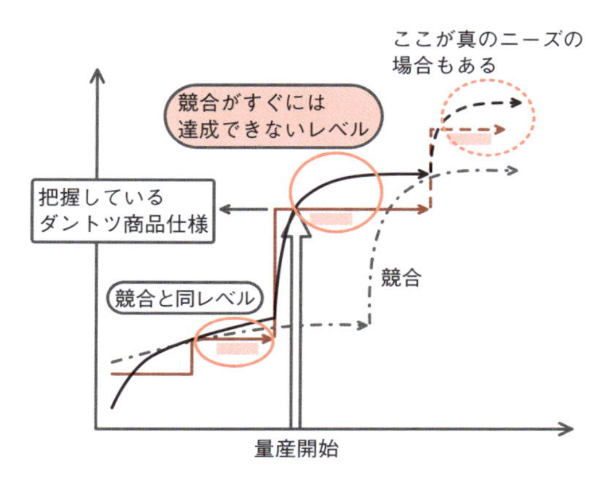

図 3-7 ●第 2 要件：目標値の妥当性
(出所：ワールドテック)

Example 5 レインセンサーで機能を限定して廉価版を開発した時のことだ。量産を開始して間もない頃に、納入先の担当設計者から「海外のK社が○%安価な価格を提案している。このままではK社へ発注することになる」と言われた。これを聞き、筆者らはK社に勝てる廉価版の開発を始めたのは言うまでもない。つまり、最初の目標値は思い込みの値であったということだ。

ダントツコストは異なる視点が必要

ただし、ダントツ目標のうち、**ダントツコスト**については、上記の3つの条件は当てはまりません。妥当性が必要です。

顧客にとってコストは低いに越したことはありません。しかし、つくる側としては、リーズナブルなコスト、すなわち適切な根拠を踏まえたコストでなければなりません。その根拠の例が**コストカーブ**です。このコストカーブを基に、数年後でも世界で勝てるダントツ目標値を見極めます(第3章5.2;p.125参照)。見極めたダントツ目標値は数年後ではなく量産開始時に前倒しで実現することが大切です。このように、ダントツ目標値はその値に妥当性がなければならないのです。

③第3要件:システム動向との整合性

ダントツ目標値が妥当であるには、顧客がつくる上位システムの動向を踏まえるという条件を満たさなければなりません[*6]。ダントツ目標値を設定しても、その目標値の将来性がなければ、その値自体の価値が失われ、「設定したつもり」という無意味なものになってしまいます。従って、上位システムの動向をしっかりと踏まえて取り組む必要があります。目標設定は**システム動向との整合性**がとれていなければならないのです[Example 6]。

＊6 ロードマップの視点から見よう。ロードマップはシステムや製品、要素技術などの将来展望を示すもの。ロードマップに示された将来展望へ企業の活動を誘引するための対話の手段となり得る。その対話を踏まえ、システムに必要な製品や要素技術が開発さ

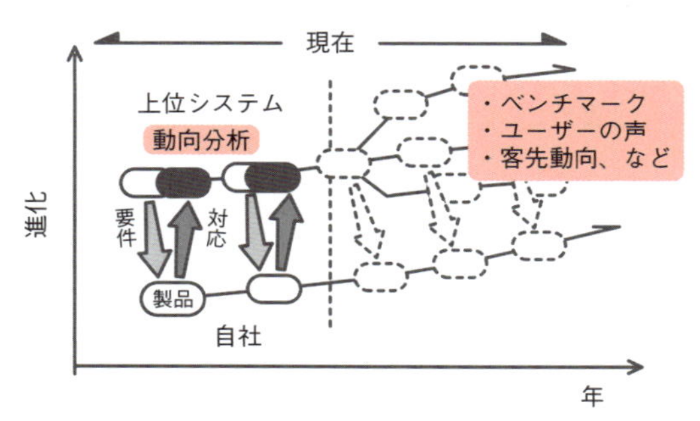

図3-A ●マーケット・プル
上位システムの動向に合わせて開発を行う。
(出所:ワールドテック)

れる。これは、ものづくりの上位階層の方向付けが下位階層の開発を引っ張る、いわゆるマーケット・プルである（図 3-A）。

従って、企業は上位階層の動向を把握し、その動きに沿った目標値を設定しなければならない。

Example 6 **それまで顧客は上位システムを「廉価」「標準」「高機能」の3タイプで展開してきた。この実績を基に、自社製品のロードマップを描いた。これらのロードマップは、それまでの延長線上にあった。すなわち、廉価システム向けには廉価な製品を、標準システム向けには標準タイプの製品を、高機能システム向けには高機能製品を開発するというロードマップだった。これを妥当なロードマップと思うかもしれない。しかし、このロードマップは上位システムの動向を正しく踏まえているとは言い切れない。**

例えば、顧客は廉価システムを5年後に廃止すると決めているかもしれない。その情報をつかんでいれば、ロードマップは変化し、開発する

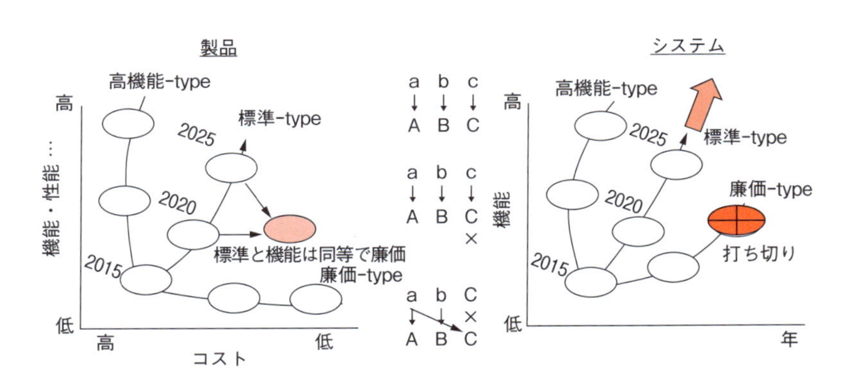

図 3-B ● 第３要件：システム動向との整合性
廉価システムが打ち切りになることが分かれば、標準タイプの製品を集中的に開発し、廉価タイプへも適応。
（出所：ワールドテック）

製品の取り組みも変わる。廉価システム向けの開発は最小限の取り組みで済ませる。もしくは開発を中止し、一時的に採算が悪くなることは覚悟して、標準品を廉価システムに投入する方法も考えられる。次のような可能性もある。標準システムの市場が拡大し、標準品の生産数量が飛躍的に増える。すると、量産効果で標準タイプにコストメリットが出る。これにより、廉価システム向けの製品をカバーするという可能性だ。

こうしたさまざまな方法を考えて目標値を設定する。とにもかくにも、廉価システム向けの製品で勝負するという目標設定は消える(図3-B)。

情報収集は設計者の仕事

システム動向との整合性を見極めるには、上位システムの**情報収集**が重要です。顧客から情報を得る取り組みを行いましょう。顧客の情報は待っていても入ってきません。では、誰が動くのか。営業部門かもしれないし、技術をより深く理解できる営業技術職かもしれません。しかし、最も大切なのは設計者が情報収集に積極的に動くことです。設計者は顧客の開発設計部門と直接コンタクトします。つまり、情報収集の最前線に位置しているのです。従って、設計者は情報収集が大切な仕事であると認識する必要があります。

「ここは設計部署だ。仕事の半分は営業と思え」——。これは、かつて筆者が入社して開発設計部門に配属された時の技術部長の訓示の言葉です。情報を収集するにはこうしたマインドが大切です。これは、第4章で取り上げる量産設計の設計力要素の1つである「人と組織」の中の

「顧客との技術折衝力」に相当します。技術折衝力を高めるとは、顧客から出される宿題（課題）に対し、十二分の内容でレポートを準備することです。もちろん、納期は守る。かつ、顧客の前で分かりやすく説明するということです。こうした基本的な取り組みを愚直に繰り返すと、顧客である技術者からの信頼が高まります。日々の打ち合わせにおける質が向上し、顧客の取り組みをより深く理解できます。そしてその結果、システム動向との整合性を高めた製品開発が可能になるのです。

ダントツ目標値は、システム動向との整合性を満たさなければ決められません。システム動向との整合性を満たすためには、顧客からの情報収集が重要であるということを肝に銘じてください。繰り返しますが、設計者は情報収集の最前線に位置しているのです。

④第４要件：成長タイミングとの整合性

目標値は設定のタイミングが大切です。いつまでも成長し続ける製品はありません。例えば、第１世代が成長しているときに、第２世代を投入しなければなりません。こうすれば、第１世代の売り上げが減少に転じ始めても、その分を第２世代でカバーできます。これによって全体の売り上げの落ち込みを防ぐことができ、売り上げがさらに増えます。これを**荒天準備**といいます（図 3-8）。

市場の変革が進み、自職場の売り上げが減少に転じてから開発を始めていては、取り組みが一歩も二歩も遅れます。開発には時間がかかります。本来、売り上げが減り始める前に目標値を設定し、開発を進めて、新製品を投入しなければなりません。このように、新製品の目標値を設定するタイミングが重要なのです。これが**成長タイミングとの整合性**です［Example **7**］。

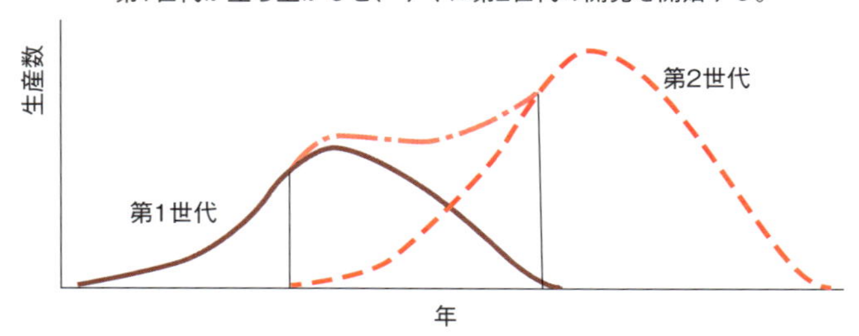

図 3-8 ●第４要件：荒天準備
（出所：ワールドテック）

Example **7** 革新的な製品であっても、競合製品の状況や市場の動向、技術の進歩により、10 年もたてば**過去の遺物**となりかねない。このような状況に陥る前に、製品を中・長期の視点から検証し、新たな目標値を設定して、ネック技術を大きく交代させる製品開発に着手しなければならない。

代表的な例に、第 1 世代から第 4 世代まで進化した、エンジンの点火時期制御（ESC）がある。第 1 世代はオールメカ方式で、フロントフードを開けると点火コイルとディストリビューターと呼ばれる金属の塊が見えた。第 2 世代は一部が電子化された。高電圧を発生するメカ接点がパワートランジスターに置き換わった。

第 3 世代は点火時期のタイミングがメカ制御（ガバナーとバキュームコントローラーによる制御）からエンジンコンピューターによる高精度な制御へと進化した。そして、第 4 世代は、最後に残ったメカ機構のディストリビューターが廃止された。点火コイルを点火プラグに直結させたことで、この製品は役割を終えたのだ。

このようにして、およそ30年間でオールメカ方式がオール電子化されたのである。タイムリーに目標値を設定し、荒天準備を乗り越えてきた好例だ。

point ▶ ダントツ目標値の4要件のまとめ

ダントツ目標値は、新たな真のニーズを見いだし、それを満足させなければならない。また、ダントツ目標値は次の4要件を満たさなければ決めることができない（**図3-9**）。

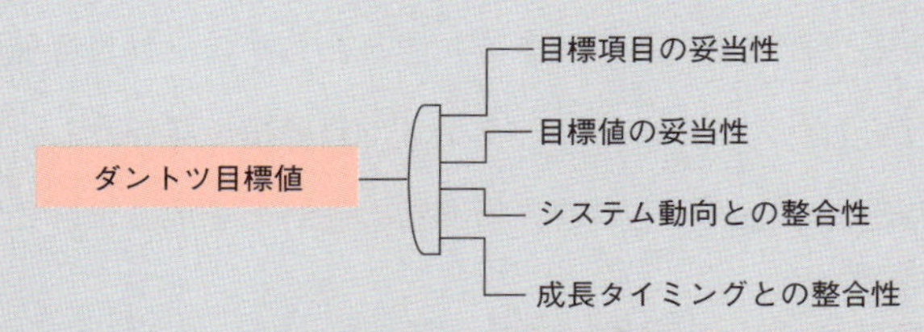

図3-9●ダントツ目標値は4要件を全て満たすこと
（出所：ワールドテック）

第1要件：目標項目の妥当性

機能や性能、信頼性、体格、重さ、美しさ、取り付けのしやすさ、コストなど、多くの評価項目の中からダントツ目標値を狙う項目を根拠を持って絞り込む。

絞り込む方法には2通りがある。

①上位システムの調査から真のニーズを掘り起こす。

②他社製品調査から真のニーズの可能性を見いだす。

第2要件：目標値の妥当性

目標値はシステム上の真のニーズを満たすもの。また、目標値は、競合企業が実現できていないもの。今一度、真のニーズを満たすものかどうかを振り返る。ただし、ダントツコストには異なる視点が必要。
第３要件：システム動向との整合性
　設定したつもりの罠にはまることのないように、上位システムの動向をしっかり踏まえること。ロードマップの活用も大切。情報収集の最前線にいるのが設計者であることを忘れてはならない。
第４要件：成長タイミングとの整合性
　成長している時にこそ、次の開発品の目標値を決める荒天準備を行う。

4. 先行開発の7つの設計力要素

先にダントツ目標値のあるべき姿、すなわちダントツ目標値の4要件を取り上げました。ここからは、ダントツ目標値を見いだし、技術的な課題を乗り越えるために必要な**先行開発の設計力**を取り上げます。

4.1 先行開発の設計力の前提条件

設計力とは、顧客のニーズを製造段階へ伝えるまでの活動を「やりきる力」です（第2章を参照）。ただし、やりきる力は先行開発と量産設計とでは異なります。先行開発はダントツ目標値の設定をやりきり、その目標値を実現するためにネック技術のめど付けをやりきることです。従って、先行開発の設計力はなくてはならないのです。

量産設計は「"120%"の品質の達成」をやりきることです。このやりきる力を量産設計の設計力と呼びます。これについては第4章に譲ります。ここでは、先行開発の設計力について解説していきます。

先行開発の設計力は、目標値や技術に対して良いアウトプットを出すためのやりきる力です。具体的な設計力について解説する前に、まず良いアウトプットを出すための仕事の流れを取り上げます。この流れには、以下のことが必要です。

まず、「達成すべき目標が明確である」こと。次に、その目標を達成するための「仕事の手順が決まっている」こと。さらに、その手順に沿って作業をする「良い職場環境がある」ことです。このように、目標が明確で、仕事の手順が決まっており、良い職場環境があれば、自ずと良い結果を期待できます。

ただし、その結果が常に正しいとは限りません。従って、正しいかどうかの「判断基準」が必要となります。判断基準があっても、すぐに「○」か「×」かを付けられる場合もあれば、判断に迷う場合もあります。その時は「検討・議論」の場を持ち、その後に「審議・決裁」を行います。

まとめると、良いアウトプットを出すための仕事の流れは、「明確な目標」「しっかりとした仕事の手順」「良い職場環境」「判断基準」「検討・議論と審議・決裁」の順となります。これらは良いアウトプットを得るための普遍的な**前提条件**となります。これを「V」字形モデルにしたものが図3-10です。

この**V字形モデル**を先行開発に当てはめると、まず、明確な目標は、もちろんダントツ目標値の実現です。仕事の手順は、ダントツ目標値を実現する先行開発プロセスです。良い職場環境には、いわゆる技術的な知見やノウハウ、シミュレーションに必要なCAEや3D-CADなどの開発ツール（各種ツール）、そして人と組織が不可欠です。判断基準は、ダントツ目標値の4要件や、さまざまな設計基準類、先輩や上司の経験に基づく判断材料などが相当します。そして、検討・議論と審議・決裁は、節目の開発促進会議や、要素作業単位の開発検討会などとなります。

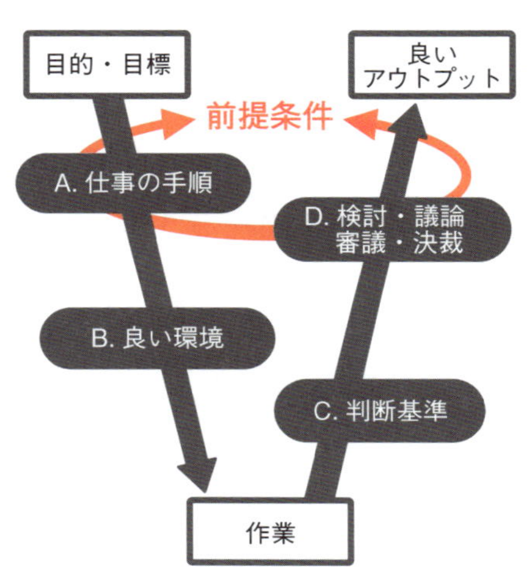

図3-10●良いアウトプットを出すための前提条件
（出所：ワールドテック）

前提条件を踏まえた先行開発の設計力

先行開発の設計力は次の7つの要素（**7つの設計力要素**）で構成されます。

①先行開発プロセス

②技術的な知見やノウハウ

③各種ツール

④人と組織

⑤判断基準

⑥検討・議論と審議・決裁

⑦風土・土壌

①～⑥の6つの設計力要素に加えてさらに大切なのは、先行開発を手を抜かずに実行できる職場の風土・土壌です。6つの設計力があっても、手を抜かずに取り組まなければ良いアウトプットは期待できません。これが7番目の設計力となります。

point ▶ 先行開発をやりきる設計力は7つの要素から構成される（**図3-11**）。

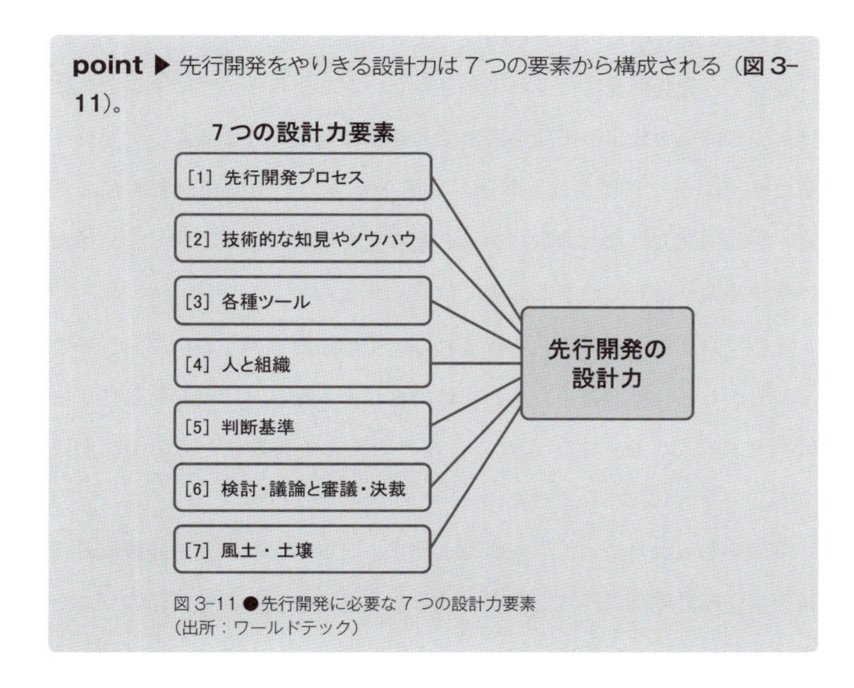

図3-11 ●先行開発に必要な7つの設計力要素
（出所：ワールドテック）

4.2 先行開発の7つの設計力要素

続いて、先行開発の7つの設計力要素を順に解説していきましょう。

[1] 先行開発プロセス（1番目の設計力要素）

先行開発における7つの設計力要素のうち、1番目は**先行開発プロセス**です。先にダントツ目標値の4要件（目標項目の妥当性、目標値の妥当性、システム動向との整合性、成長タイミングとの整合性）について述べました。このダントツ目標値の4要件を満たす目標値を見いだし、実現のめどを付けるのが先行開発です。

従って、先行開発にはそれにふさわしい取り組みが必要です。それには、先行開発の仕事の手順を決めておかなければなりません。4要件を満たすダントツ目標値は、新製品開発の基本方針や開発対象製品の選定、製品開発方針などの取り組みを踏まえて決まります。決して、値だけを決めようとして決まるものではありません。

さらに、ダントツ目標値が決まれば、その値を実現する活動を行います。しかし、目標が高いため、思い付きによるやり方でこなせる仕事ではありません。従って、これら一連の活動をやりきるための手順が決まっていなければなりません。

手順をしっかり決めて取り組むことで、ダントツ目標値を達成する技術を量産設計段階に渡すことが可能となります。先行開発段階のプロセスは非常に重要なのです。では、この先行開発プロセスについて詳しく述べていきましょう。

(1) 先行開発プロセスとは

先行開発の大きな流れ（基本フロー）は、「製品の選定」「ダントツ目標値の設定」「ネック技術のめど付け」です（第3章2；p.60を参照）。これらを基に先行開発プロセスの全体像を示したものが図3-12になります。全部で40近くのステップ（項目）から構成されています。これらを大きく分けると、第1グループから第3グループまでの3つのステップになります。

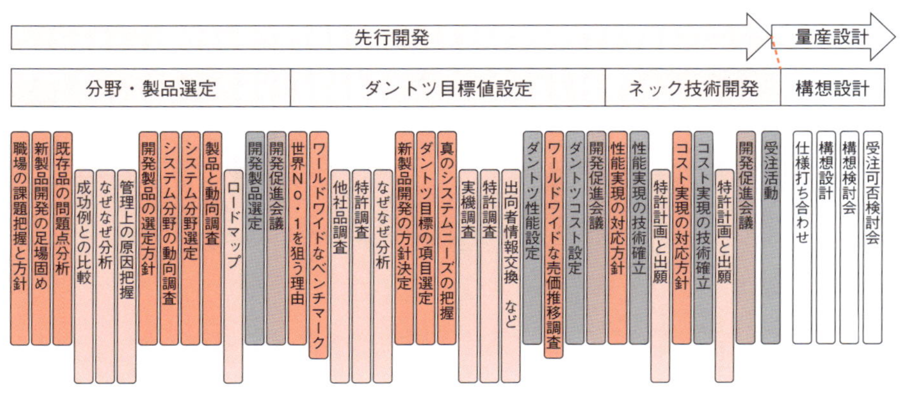

図3-12●先行開発のプロセス
（出所：ワールドテック）

①第1グループ（図3-13）

第1グループは先行開発プロセスの骨格となるステップです。すなわち、製品の選定とダントツ目標値の設定、ネック技術のめど付けとなります。これらの3つがないと、先行開発におけるアウトプットを出せません。従って、なくてはならないステップであり、必ず実施しなければなりません。以下のステップとなります。

- **開発製品選定**：世界No.1製品を狙って開発する製品を決める。
- **ダントツ性能設定**：世界No.1製品を実現するための性能の目標値を

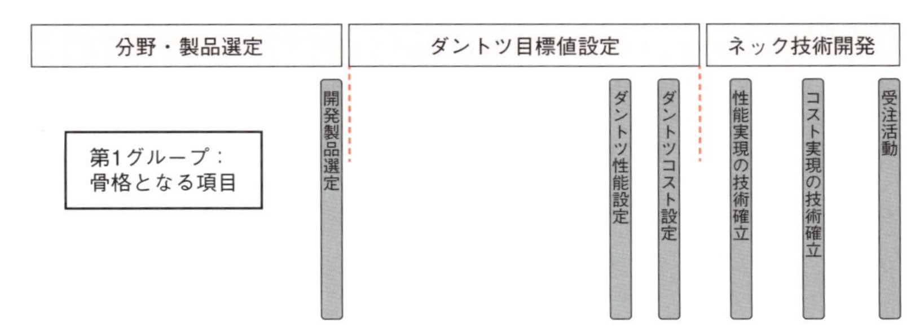

図 3-13 ● 第 1 グループ：基本のプロセス
（出所：ワールドテック）

決める。

・**ダントツコスト設定**：世界 No.1 製品を実現するためのコストの目標値を決める。

・**性能実現の技術確立**：ダントツ性能の実現のめどを付ける技術を確立する。

・**コスト実現の技術確立**：ダントツコストの実現のめどを付ける技術を確立する。

・**受注活動**：先行開発でめど付けした製品を顧客へ売り込む。

ダントツ目標値とネック技術のめどを付ける基本プロセス

この第 1 グループは、先行開発におけるアウトプットを出すための**基本プロセス**です。開発する製品を選び、ダントツ目標値を決めて、ネック技術に対応すれば、量産設計に進むことができます。しかし、不安が残ります。製品を選んだ根拠を説明できているか、ダントツ目標値の 4 要件を満たしているか、ネック技術への対応には抜けがないかなどです。こうした懸念を乗り越える取り組みが第2グループと第3グループです。

②第2グループ（図3-14）

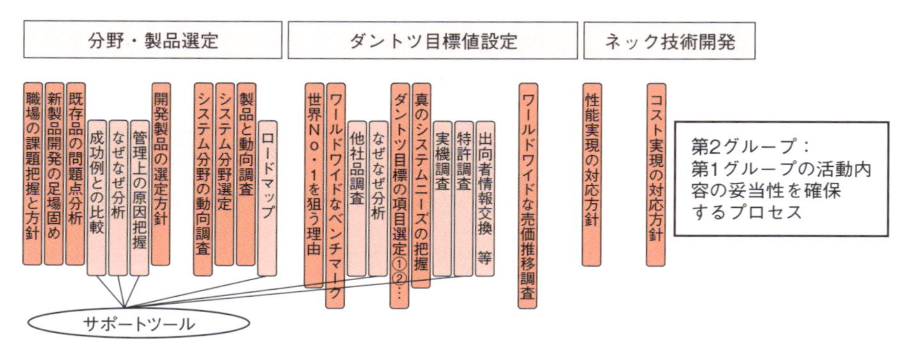

図3-14●第2グループ：サポートプロセス/サポートツール
（出所：ワールドテック）

第2グループは、第1グループの活動内容の妥当性を確保するステップです。必須である第1グループのステップの中で実施漏れがないことを確認します。加えて、第1グループのステップの質を高めます。すなわち、第1グループのレベルと質を向上させるのが、第2グループの機能です。この第2グループには、以下に示すさまざまな手法がステップとして組み込まれます。

・**職場の課題把握と方針**（第3章5.1.[1]；p.117参照）。

・**新製品開発の足場固め**：開発体制と人、開発費を捻出する（第3章5.1.[2]；p.118参照）。

・**既存品の問題点分析**：これまでの開発の取り組みから問題点を洗い出す（第3章5.1.[3]；p.119参照）。

- **開発製品の選定方針**：新たに開発する製品の選定方針を決める（第3章5.1.[3]；p.120参照）。
- **システム分野の動向調査**：製品選定のために上位システム（1次部品メーカーであれば自動車メーカーの製品、2次部品メーカーであれば1次部品メーカーの製品）分野の動向を把握する。
- **システム分野選定**：自社や自職場にとって将来的に有望なシステム分野を選ぶ（第3章5.1.[4]；p.122参照）。
- **製品の動向調査と選定**：選んだシステム分野の動向を把握した上で有望な製品を選ぶ（第3章5.1.[4]；p.124参照）。
- **世界No.1を狙う理由**：ダントツ製品の開発という高い目標を目指す理由を開発設計メンバー全員で共有する。
- **ワールドワイドなベンチマーク**：世界の主要な競合企業の製品を調べる（第3章5.2；p.125参照）。
- **選定した製品の開発方針**：ワールドワイドなベンチマークの結果を基に、世界No.1になる開発方針を決める（第3章5.2；p.125参照）。
- **ダントツ目標の項目選定**：ダントツ項目の妥当性を確保する（第3章5.2.[1]；p.125を参照）。
- **システムの真のニーズの把握**：ダントツ目標値の妥当性を確保する（第3章5.2.[2]；p.128参照）。
- **ワールドワイドな売価推移調査**：ダントツコストの目標設定のために、コストカーブを描く（第3章5.2.[2]；p.132参照）。
- **性能実現の対応方針**：ダントツ性能の実現に必要なネック技術を解決するための対応方針を決める（第3章5.3.[1]；p.137参照）。

・**コスト実現の対応方針**：ダントツコストの実現に必要なネック技術を解決するための対応方針を決める（第3章5.3.[2]；p.139参照）。

第2グループを支える手法

第2グループには上記のステップの中に、さまざまな解決手法が組み込まれていることも特徴です。これらの手法には、(1) 既存製品の問題点の分析に使うものと、(2) 製品動向の調査と選定に使用するもの、(3) システムの真のニーズの把握に使うもの、があります。

(1) **既存製品の問題点の分析**に使う手法

・**成功例との比較**：売り上げや利益の点で成功している製品と自職場の製品を比べて問題点を洗い出す（第3章5.1.[3]；p.119参照）。

・**なぜなぜ分析**：成功例と比較して分かった問題点の原因を深掘りする（第3章5.2.[1]；p.125参照）。

・**管理上の原因把握**：なぜなぜ分析から管理上の原因を見極める（第3章5.1.[1]；p.117参照）。

(2) **製品動向の調査**と選定に使用する手法

・**ロードマップ**：システムのロードマップを描き、開発する製品の選定に生かす。

・**他社製品の調査**：世界の主要な競合企業の製品を調べてダントツ目標値の選定に生かす。

・なぜなぜ分析：他社製品の調査から得た他社製品の弱点に対し、管理上の原因を推定する。

(3) システムの真のニーズの把握に使う手法

・**実機調査**：システム技術者であると想定し、選定した製品の上位システムの実機を調査する。

・**特許調査**：システム技術者であると想定し、上位システムの特許を調べる。

・**出向者との情報交換**：上位システムを開発する企業の設計者と定期的な情報交換などを行う。

第1グループの活動の質を高めるサポートプロセス

第1グループの活動結果にはしっかりとした根拠がなければなりません。その「根拠を明らかにする活動」が、この第2グループです。開発する製品を選定する方針を見いだし、その方針に沿って取り組む分野を絞り込んで、開発する製品を選定します。その後、真のニーズを踏まえ、ダントツ目標項目と目標値を決定します。続いて、そのダントツ目標値が持つネック技術への対応方針を決め、ネック技術のめど付けを行います。

これらの取り組みには、成功例との比較やなぜなぜ分析による管理上の原因の見極めや、ロードマップを使った開発製品の絞り込み、他社製品の調査によるダントツ目標項目の見極めなど、さまざまな**サポートツール**を活用しています。つまり、第2グループはサポートツールを使った**サポートプロセス**なのです。

③第３グループ（図3-15）

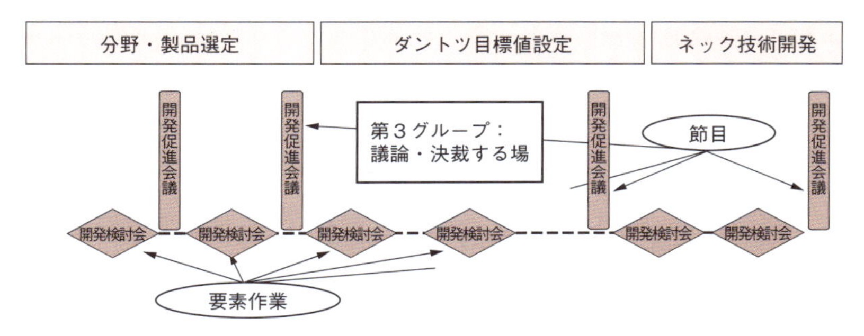

図3-15●第３グループ：第１、第２グループの活動結果を議論・決裁
（出所：ワールドテック）

第3グループは、第1グループと第2グループの内容を**検討・議論し、審議・決裁するステップ**です。先行開発プロセスの大きな節目と小さな作業の節目で検討・議論と審議・決裁を行います。すなわち、(1) 開発促進会議と (2) 開発検討会（開発会議）という大小の検討・議論と審議・決裁の会議を組み合わせて実施します。これにより、開発設計中に生じる可能性がある大きな手戻りを防ぐことができます。

(1) **開発促進会議**（第3章4.2.[6]；p.107参照）

開発促進会議を開くタイミングは以下の通りです。

・開発製品選定の節目（製品選定段階から目標値の設定段階へ移行）

・ダントツ目標値設定の節目（目標値の設定段階から技術のめど付け段階へ移行）

・ネック技術の節目（技術のめど付け段階から客先への提案段階へ移る）

(2) **開発検討会**（第3章4.2.[6]；p.113参照）

開発検討会の内容は次のようになります。

・既存の問題点の分析

・開発製品の選定方針

・分野選定

・ダントツ目標項目の選定

・ダントツ目標値の実現への対応方針

先行開発プロセスと概要を表 3-1 に示します。

第 1、2 グループの検討・議論と審議・決裁するマネジメントプロセス

先行開発ではプロセスの節目ごとに検討・議論と審議・決裁を行わなければなりません。先行開発プロセスの最後になって製品の選定に疑問符がついたり、ダントツ目標値を見直したりするようなことがあってはなりません。そのようなことをしては、それまでに投入した経営資源がムダになります。時間を取り戻すことはできません。職場にとって大きな損失です。

こうした手戻りをなくすため、**大きな節目**と**小さな作業の節目**で検討・議論や審議・決裁の場を持つのです。大きな節目とは、開発する製品の選定やダントツ目標値の設定、ネック技術のめど付けのタイミングです。一方、小さな作業の節目とは、開発する製品の選定方針や分野の選定、ダントツ目標項目の選定、ダントツ目標値の実現への対応方針などが見えてきたタイミングです。

つまり、第 3 グループは検討・議論と審議・決裁を行う「マネジメントプロセス」なのです。

表 3-1 ●先行開発プロセスと概要
（出所：ワールドテック）

分類		ステップ	該当
基本プロセス		開発製品の選定	ダントツを狙う製品を選定する
		ダントツ目標値設定	ダントツを実現する目標値を決める
		ネック技術めど付け	ダントツ目標値を実現する技術を確立する
サポートプロセス／サポートツール		職場の課題把握と方針	職場の置かれた状況を見極め、新製品開発を決定する
		新製品開発の足場固め	開発人工・開発費を捻出し開発体制を確保する
		既存品の問題点分析	今までの開発を振り返り、仕事のやり方の問題点を洗い出す
		開発製品の選定方針	新規開発する製品の「選定方針」を決める
		システム分野の動向調査	製品選定のため、上位システム分野の動向を情報収集する
		システム分野選定	将来の動向を踏まえ、システム分野を選ぶ
		製品の動向調査	選んだシステム分野の制御システムの動向を調査し、使われる製品の動向を見極める
		ダントツ製品を狙う理由共有	高い目標へ取り組む理由づけをメンバー間で共有する
		ワールドワイドベンチマーク	世界の主な競合メーカー製品を知る
		ダントツ製品の開発方針	ダントツ製品を実現できる「開発方針」を決める
		ダントツ目標の項目選定	ダントツ目標項目の妥当性を確保する
		真のシステムニーズの把握	ダントツ目標値の妥当性を確保する
		ワールドワイドな売価推移調査	ダントツコスト目標設定のため、売価カーブを描く
		性能実現の対応方針	性能実現のネック技術解決への「対応方針」を決める
		コスト実現の「対応方針」	コスト実現のネック技術へ対応方針を決める
		成功例との比較	（社内の）売上、利益大の製品の取り組みと自部署の取り組みを比較し、自部署の既存品の問題点をあぶりだす
		なぜなぜ分析	成功例との比較から浮かび上がった問題点の真の原因を掘り下げる
		管理上の原因把握	なぜなぜ分析の結果から管理上の原因を見極める
		ロードマップ	選んだシステムのロードマップを描き、開発する製品の選定につなげる
		他社品調査	世界の主な競合メーカーの製品を精査し、ダントツ目標値の切り口を見つける
		なぜなぜ分析	他社製品の調査結果から得た他社の弱点から、管理上の原因を推定する
		実機調査	システム技術者として選定した製品の上位システムを理解する
		特許調査	システム技術者として上位システムの技術上のポイントを勉強する
		出向者との情報交換	定期的な情報交換会などを工夫し、真のニーズを掘り起こす
マネジメントプロセス	節目	開発製品選定節目の開発促進会議	開発製品の選定段階からダントツ目標設定段階への移行を議論、決裁する
		ダントツ目標値設定節目の開発促進会議	ダントツ目標設定段階からネック技術めど付け段階への移行を議論・決裁する
		ネック技術の節目の開発促進会議	ネック技術めど付け段階から顧客へ提案する段階への移行を議論、決裁する
	要素作業	既存の問題点の分析	今までの開発取り組みについて振り返り、問題点を明らかにする
		開発製品の選定方針	開発製品を選ぶ考え方、方針を議論する
		分野を選定する	取り組むシステム分野選定の根拠を議論する
		ダントツ目標項目選定	ダントツを狙う仕様項目の根拠を議論する
		ネック技術めど付けへ対応方針	阻害要因の抽出と打破について、対応方針を議論する
		…	

留意点は「方針決め」

先行開発プロセスを充実させるには、第2グループと第3グループの活動を充実させなければなりません。形式的な取り組みでは不十分です*7。内容を伴う取り組みを行って初めて、真のダントツ製品を市場に出せるのです（図3-16）。

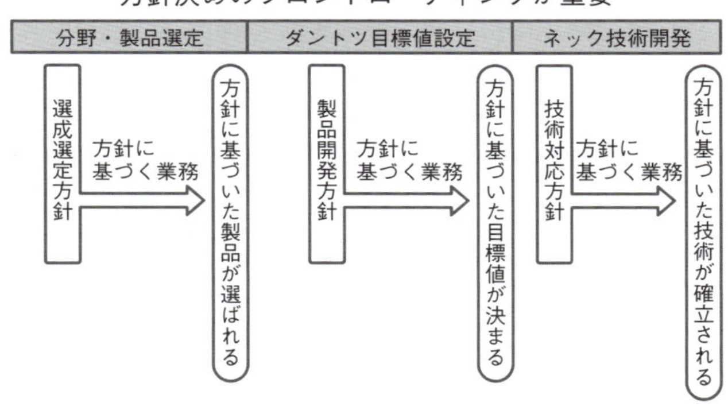

図3-16●方針決めがその後の取り組みを支配する
（出所：ワールドテック）

*7　特に形式的になりやすい取り組みは方針決めだ。方針決めのタイミングは3回ある。第2グループの「選定方針」「開発方針」「対応方針」だ。すなわち、新製品を選定する方針と、選定した製品をダントツ製品にする開発方針、そしてネック技術へ対応する方針決めである。方針決定では、まず、根気よく必要な情報を収集する。情報は自らの足で稼ぐ。収集した情報は、なぜなぜ分析などの手法を使って本音で議論する。情報収集と分析には時間を惜しまず、本気で取り組む。なぜなら、方針がその後のプロセスの取り組み内容を決定づけるからである。適切な方針はその後の取り組みの適切さを確保する。

（2）先行開発プロセスを構成する3つのグループの捉え方

先行開発プロセスの3つのグループ（基本プロセス、サポートプロセス、マネジメントプロセス）は、図3-17に示すような捉え方ができます。**基本プロセス**をX軸とすると、**サポートプロセス**はY軸、**マネジメントプロセス**はZ軸に位置付けられます。40近くある先行開発プロセスのステップは、全てこの図に表すことができます。

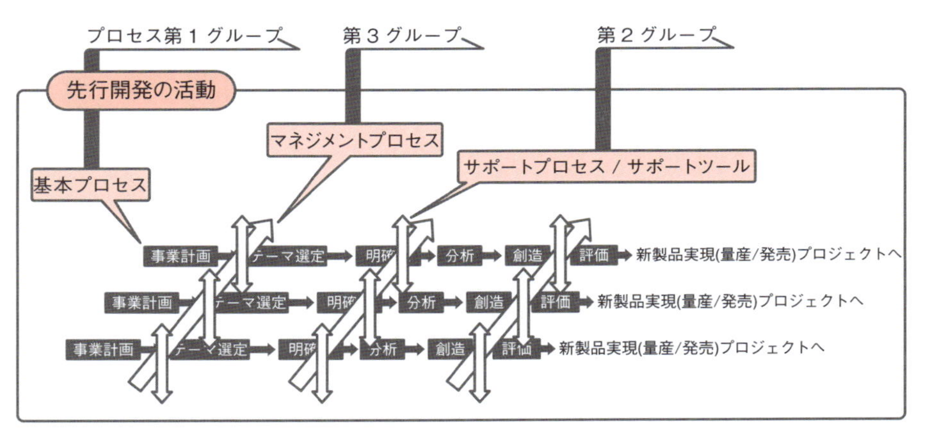

図3-17●基本プロセス、サポートプロセス、マネジメントプロセス
（出所：ワールドテック）

[2] 技術的な知見やノウハウ（2番目の設計力要素）

先行開発における7つの設計力要素のうち、2番目は**技術的な知見やノウハウ**です。先行開発における技術の特徴は、ネック技術への対応にあります。**ネック技術**は、自社や自職場が持つ既存の基盤技術だけでは対応できない技術的な課題です。だからこそ乗り越える価値があり、そのためには新たな技術を取り入れなければなりません。すなわち、先行開発で求められる技術力とは、「新たな技術を取り入れる力」と表現することができます。

ここで、求められる技術には2つのケースがあります。

ケース1：必要な技術は分かっているが、それが自社や自職場にはない。

ケース2：技術課題は分かっているが、どんな技術が解決してくれるのか分からない*8。

どちらのケースも、乗り越えるには以下の3つのポイントを意識しなければなりません。

*8 第3章5.3.[1]（p.137）で取り上げたダントツ性能のネック技術のめど付けの事例では、検出距離を高めるには3次元磁場解析が必要と分かっていた。しかし、自社にはなかったため、解析技術の導入に取り組んだ。第3章5.3.[2]（p.139）で取り上げたダントツコストのネック技術のめど付けの事例では、機能の統合には、どのような技術が使えるのかが分からなかった。そのため、技術の探索からスタートした。

新たな技術を取り入れる3つのポイント

新たな技術を取り入れるポイントは、(1) 基盤技術、(2) チーム活動、(3) 人、です。

(1) 基盤技術がしっかりしていれば、新たな技術を取り込める可能性が高まります*9。現有の技術をベースに新たな技術を学ぶことができます。

(2) チーム活動は、社内の他の部署と組む、専門メーカーを入れるなど、方法はさまざまでしょう。チームを組む活動の例に、部門横断型チーム（クロスファンクショナルチーム）活動があります（第3章4.2.[4]；p.100参照）。

(3) 取り組む「人」のありようが新たな技術の導入の成否を左右します。人は技術者であるとともに、開拓者でなければなりません（第

3 章 4.2.[4]；p.100 参照)。

＊9　先行開発に必要な基盤技術は以下の通りです。

・**成功事例**から学ぶ知見＊10：量産設計では過去の失敗から学ぶ知見が大切だが（第 4 章 4.2.[2]；p.185 参照)、先行開発は成功事例から学ぶ知見が大切だ。
・製品固有の技術（第 4 章 4.2.[2]；p.197 参照）
・製品間に共通する技術（第 4 章 4.2.[2]；p.199 参照）

＊10　技術開発に関する豊富な成功事例からは、さまざまな知見が得られる。製品が異なっても、考え方は応用できる場合が多いからだ。例えば、部品単位ではなく機能単位で考えるとコストダウン案が出やすくなる。言葉で聞くだけでは実感が伴わない場合もあるだろう。だが、具体的な事例、例えば「回路基板とケースが別々であったものを、ケースに直接回路を形成してコストダウンに成功した」といった事例が 1 つあると理解が数段深まり、目の前の課題に対して発想が豊かになる。成功事例が自職場になければ、社内の他部署の事例に学ぶこともできる。失敗事例だけではなく、成功事例のデータベースによる情報共有化も大切だ。例えば、第 3 章 5.3.[2]（p.139）で取り上げたダントツコストのネック技術のめど付けの事例があった。この事例は、機能単位で考えるというのはこういうことかと納得でき、設計者の発想を豊かにする。

[3] 各種ツール（3 番目の設計力要素）

先行開発における 7 つの設計力要素のうち、3 番目は各種ツールです。先行開発に必要な技術を取り入れる際に、さまざまな解析ツールを活用します（第 3 章 5.3.[1]；p.137、同章 6.1；p.144 参照)。

3D-CAD や CAE（Computer Aided Engineering）の進化により、磁場解析や流れ解析、熱伝導解析、音の解析などいろいろな解析技術が使えるようになっています。さらに、モデルベース開発 **MBD**（Model Based Development）も注目されてきました＊11。これはコンピューターによるシミュレーション技術を取り入れた開発手法で、「モデル」を使って効率よく開発を進めることが可能です。そのため、製品の品質や開発スピードの向上につながります。

また、課題解決に必要な技術自体が分からない場合は、現状を疑い、現行の技術や設備、プロセス、常識といったものに縛られないことです。まずは、先入観を持たずに発想することが大切です。発想法には**ブレーンストーミング**やブルーオーシャン思考、TRIZ（発明的問題解決理論）、**品質機能展開**（Quality Function Deployment；QFD）、**VE**（Value Engineering；価値工学）、VA（Value Analysis；価値分析）などさまざまな手法があります。いろいろなツールを試して先行開発に役立ててください。

＊11　技術とツールは区別されなければならない。ネック技術のめどを付けるためにツールを使うスキルは必要条件だが、必ずしも十分条件とはいえない。かつて、音圧を高める開発に取り組んだ際、音圧の解析ツールを購入し、そのツールを使いこなせる設計者が解析を担当したことがある。ところが、解析だけでは期待する答えは出なかった。音圧についての知見が不足していたからだ。結局は音圧の専門家に助言を仰ぎ、音圧を高める知見を解析に反映することで目標の音圧を得ることができた。

[4] 人と組織（4番目の設計力要素）

先行開発における7つの設計力要素のうち、4番目は人と組織です。先行開発において、この設計力は特に重要です。特に人のありようが大切となります。なぜなら、先行開発を一言で表現すると、未知への挑戦だからです。既存の知見や情報だけでは対応できません。従って、人（設計者）は技術者＋**開拓者**でなければなりません（図3-18）。

開拓者とは、課題は自らで見いだし、答えを自らで突き止める人です。誰かが答えを持っているだろうと思う人は、先行開発にはふさわし

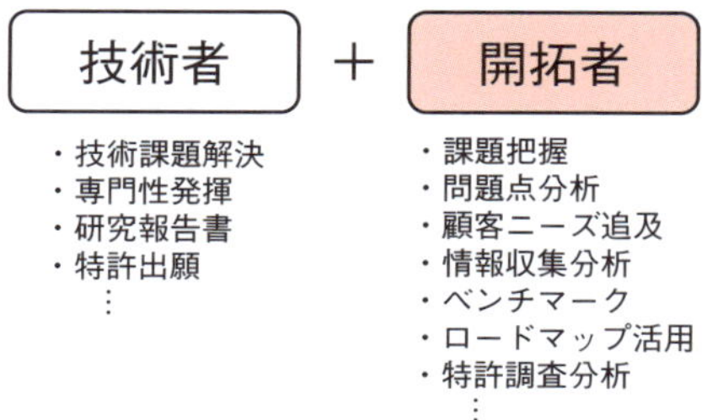

図3-18●先行開発の「人」は開拓者
（出所：ワールドテック）

くありません。ダントツ目標値は、競合企業がすぐには実現できない値です。競合企業の誰も見つけることがない答えを突き止めるからこそ、ダントツ製品を生み出すことができるのです。

開拓者に必要な素養には、以下のようなものがあります。

・**課題把握力**：職場の置かれた状況を見極める力
・**問題点分析力**：問題点に対する真の原因を見極める力
・**システム理解力**：上位システムを理解する力
・**情報収集分析力**：システム動向や構成するコンポーネントなどの幅広い情報収集から市場規模など判断する力
・**他社製品の調査力**：競合企業製品の機能や性能、コストなどを精査する力
・**ベンチマーク力**：競合企業製品を調査し、長所、短所などを比較する力
・**ロードマップ活用力**：上位システムのロードマップと自社製品のロードマップの整合性を取る力
・**実機調査力**：上位システムの実機を調査する力

・**特許調査力**：特許から技術の動向を読み解く力

・**特許出願力**：特許を出願できる力

・新たな技術の活用力：新しい技術を使いこなす力

・**リーダーシップ力**：開発設計に携わるメンバーをリードする力

進出すべきシステム分野の選定は、自分たちで地道に粘り強く情報収集し分析しなければなりません。新製品の選定も同様です。新製品の開発方針は、**ワールドワイドなベンチマーク**で集めた情報を踏まえ、競合企業製品の弱点を見つけ出します。その弱点についてなぜなぜ分析で議論を積み重ねて、管理上の原因を見いだします(第3章3.[2]；p.65参照)。

続いて、上位システムの実機調査からダントツ目標値を見いだします(第3章5.2.[2]；p.128参照)。ネック技術には、新たな解析などの技術を取り入れてめどを付けます。先行開発に携わる設計者はこうした取り組みを乗り越えなければなりません。人（設計者）は、技術者＋開拓者でなければならないのです。

設計者は、未知への挑戦や、未知の領域を切り開くことを忘れてはいけません。そのためには、自職場などの限られた範囲の人材だけでは対応できない場合が多いでしょう。全社的に人を結集した組織も必要です。その1つが、部門横断型チーム（クロスファンクショナルチーム；CFT）活動です。

事業部内の関連部署だけではなく、機能部などの要素技術部担当部署や解析専門部署、開発費を握っている企画などの部署からもこのクロスファンクショナルチームへの参画が必要でしょう。専門企業との協業も検討しなければならない場合もあります。こうした横断的な組織が先行開発には必要です。

横断的な組織が機能するようにリードするのは設計者です。なぜなら、開発製品を最も良く知る立場にいるからです。そして、こうした横断的な組織をうまく動かすために、設計者には**リーダーシップ力**が求められます。

クロスファンクショナルチーム活動

先行開発では全社的な組織と人の総合力を発揮できる取り組みが必要です。その1つの方法が、多岐に渡る専門部署が参画する**クロスファンクショナルチーム**を組むことです。異なる分野の専門家でチームを組み、知恵を融合させることで新たな気づきが生まれます[*12]。

製品開発テーマのクロスファンクショナルチームの例を挙げておきましょう。

①事業部でクロスファンクショナルチームを組む場合
・設計：製品固有の技術のプロフェッショナル
・品質：量産の視点での品質保証のプロフェッショナル
・生産技術：工程設計のプロフェッショナル
・生産：現場の作業の視点でのプロフェッショナル
②機能部でクロスファンクショナルチームを組む場合
・要素技術（材料・加工など）のプロフェッショナル
・生産システムのプロフェッショナル
③事業部×機能部でクロスファンクショナルチームを組む場合

図3-19に示すように、製品開発テーマのクロスファンクショナル

チームでは、新製品の開発テーマに対し、製品開発チームと生産技術開発チームが、それぞれの開発テーマごとにチームを組んで検討を進めます。そして、1回/月など定期的に両チームが集まり、合同検討会を持ちます。こうして進捗の報告と課題に対し、知恵を出し合って新たな気づきにつなげます。

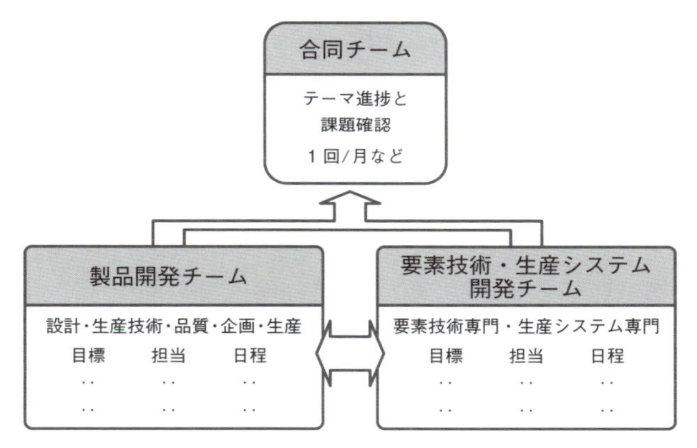

図3-19●クロスファンクショナルチーム活動（例）
（出所：ワールドテック）

このように、クロスファンクショナルチームでは異分野の専門家がチームで課題解決に取り組みます。それにより、(1) 新たな気づきや知見を得る、(2) 組織を動かしてプロセスを推し進める（第3章5.2.[2]；p.128および同章5.3.[1]；p.137参照）という2つを期待できます。

＊12　異分野の専門家同士がコラボレーションすると、異なる分野の知見が交互作用（互いに影響）し、新たに有用な知見が見いだされる。例えば、「Xを使っているお客様はYに不便を感じている。何か対応できる素材はないかな」という問い掛けに対し、他のメンバーから「あの材料はAに対してBという特性を持っているのだけれど、何か役に立つことはないかな？」と提案がある。これを受けて、「それならCが役立つかもしれない」

といった具合に、解に向かって議論が深まっていく。

[5] 判断基準（5番目の設計力要素）

先行開発における7つの設計力要素のうち、5番目は**判断基準**です。判断を行うタイミングは数多くあります。開発製品（新製品）の選定方針を決めるタイミングや、開発製品を選ぶタイミング、製品開発の方針を決めるタイミング、ダントツ目標値を選ぶタイミング、ネック技術への対応が妥当かどうかを判断するタイミングなどです。これらの各タイミングで検討・議論や審議・決裁を行うには、以下のような判断基準が必要です。

(1) 開発製品の選定方針を決めるために必要な判断基準

・設計者1人当たりの売り上げ目標値（開発製品はX億円/人・年以上）

・開発に必要なリソース投入の基準

・方針を決める方法の妥当性（方法例や職場の問題点の管理原因を踏まえて方針を決める）

(2) 製品を選ぶために必要な判断基準

・製品を選ぶ方法の妥当性（情報収集方法や製品の市場規模予測の仕方など）

(3) 製品開発の方針を決めるために必要な判断基準

・開発方針決め方法の妥当性（他社製品の調査方法や調査結果の分析方法、コスト試算時の数量や他社の時間レート、他社の技術レベルなどを判断する基準など）

(4) ダントツ目標値を選ぶために必要な基準

・ダントツ目標値の4要件（目標項目、目標値の妥当性、システム動向との整合性、成長タイミングとの整合性）

(5) ネック技術への対応

・技術の理論的な成立性とその検証の妥当性（自社や自職場で積み上げられてきた標準設計基準や類似品設計基準など、横断的な要素技術の基準など）

さらに、先に2番目の設計力要素として技術的な知見やノウハウを取り上げ、成功事例との比較が大切だと述べました。先行開発に続く量産設計では、品質重視の観点から過去の失敗から学んだ知見（俗に「過去トラ」と呼ばれる。トラはトラブルの短縮形）が重要です。これに対し、先行開発では、未知の分野や技術の開拓なので、開発における成功事例が大切となります。従って、過去トラと同様に**成功事例もデータベース化**などの体系化が必要です。成功事例のデータベース化は、過去トラほど注目されていないようですが、しっかりと整備したいものです。判断するタイミングでは、判断基準（根拠）を踏まえた取り組みが大切です。

[6] 検討・議論と審議・決裁（6番目の設計力要素）

先行開発における7つの設計力要素のうち、6番目は**検討・議論と審議・決裁**の取り組みとなります。先行開発プロセスは、基本プロセスとサポートツールを使ったサポートプロセス、マネジメントプロセスから構成されていました（第3章4.2.[1]；p.86参照）。検討・議論および審議・決裁はマネジメントプロセスです。判断基準と結果を比較し、議論・決裁する場です。

これは、大きな節目で行う開発促進会議と、小さな節目で行う開発検討会で構成されます。

(1) 開発促進会議

開発促進会議は、先行開発プロセスの大きな節目で行います。種類とタイミング、およびメンバーについては以下の通りです。

①種類とタイミング

基本プロセス（第3章4.2.[1]；p.86参照）の出口で実施します。

・製品分野と製品選定の節目（選ばれた製品の妥当性を議論、決裁する場）

・ダントツ目標値設定の節目（ダントツ目標値の妥当性を議論、決裁する場）

・ネック技術のめどを付けた節目（ネック技術のめど付けの妥当性を議論、決裁する場）

②メンバー

ダントツ目標値を狙う製品は、量産設計段階の**初期流動管理ランク**[*13]が最上位の製品です。事業部として取り組むのが適切でしょう。

会議のメンバーは事業部長と企画、設計、生産技術の各部門の担当者です。必要に応じてシステム関連部署や要素技術専門部署などからの担当者の参加を検討します（表3-2）[*14]。

審議者については事業部長が務め、議長と書記は企画部門からのメンバーが担うのが望ましいといえます[*15]。

表 3-2 ●開発促進会議メンバー（例）
（出所：ワールドテック）

事業部長	企画	設計				生産技術	システム関連部署	要素技術専門部署	サービス	調達	営業	試作
		部長	課長	係長	担当							
★	☆	○	○	○	○	○	△	△	△	△	△	△

★　審議者
☆　議長＆書記
○　出席必須
△　必要に応じ、議長が出席指名
※当会議は議論と決裁を兼ねる。量産設計段階では議論と決裁は分けるのが望ましい。

＊13　初期流動管理ランク　開発の初期段階から重点的に品質保証活動を展開し、生産ラインの早期安定化を推進するためのランク付けのこと。製品の重要度に応じて管理ランク分けし、ランクに応じた品質保証活動を行う仕組みである。管理ランクの詳細は第4章 4.2.[1]（p.169）に記載している。

＊14　管理ランクの最上位に該当する製品は、量産設計では品質担当役員が管理する。ダントツ目標値を狙う製品は最上位ランクに位置付けられるため、量産設計における決裁会議では品質担当役員が決裁する。これに対し、先行開発は初期流動管理になる前の取り組みであるため、事業部が管理するのが適当だろう。

＊15　量産設計におけるデザインレビュー（DR）は、事業部長は審議者でなく議長を務める（**表3-A**）。量産設計で行うのは品質"120%"を達成する取り組みである。抜けのない緻密な活動が求められる。そのため、量産設計では検討・議論と審議・決裁の場は分けることが望ましい（第4章 4.2.[6]；p.219 参照）。検討・議論の DR の場では、決裁者ではなく議長を置く。

これに対し、先行開発で行うのは、重要な目標の設定とその実現に向けた技術的な取り組みである。そのため、チャレンジと大胆な取り組みが大切だ。議論しながら同時に判断し、決裁することが合っている。

表 3-A ●DR の参加メンバー
（出所：ワールドテック）

2 次 DR の（例）

管理ランク	事業部長	企画	設計					品質	製造			購買	関係部門	
			部長	課長	係長	担当	専門委員		生産技術	生産	検査		システム部門	要素技術専門部門
S	○	○	○	★	☆	○	○	○	○	○	○	△	△	△
A	△	△	○	★	☆	○	○	○	○	○	○	△	△	△
B		△	○	★	☆	○	○	○	○	○	○	△	△	△
C			〔	○	★	○	○	△	△	△	△	△	〕	

（C：必要に応じ実施）

★　議長
☆　書記
○　出席必須
△　必要に応じて議長が出席を指名
※ 3 次 DR の議長は、製造部門生産技術課長、係長、他メンバーは 1 次に準ずる。

③議論する項目

大きな節目で行う開発促進会議において、議論すべき項目は以下の通りです。

（i）開発背景：現状分析（性能、機能、信頼性、コストなど）

（ii）顧客の声：市場のお客様、自動車メーカー、1 次部品メーカーなど

（iii）競合他社：ワールドワイドなベンチマーク

（iv）製品開発の基本方針：目標値の設定（基本性能、信頼性、コスト、特許）

（v）主な開発技術テーマ：ダントツ目標値を達成するためのネック技術対応（要素技術、製品の基本機能、個別機能）

（vi）組織・陣容・開発費：社内組織〔部門横断型チーム（クロスファンクショナルチーム）〕、社外との協業など

(vii) 経済性：生産予測、売り上げ予測、リターンマップなど

(viii) 大日程：量産開始までの大日程

(ix) 成果の評価：財務、顧客、業務、学習/成長、目標値など

開発促進会議の実施タイミングで取り上げる項目を選びます。表3-3に示す通り、実施タイミングを［1］製品選定の方針、［2］製品選定、［3］目標値設定、［4］ネック技術開発、の4段階とします。また、各段階で議論すべき項目も同表に示しています。

④準備するもの

開発促進会議で準備するのは、次に示すものと資料です。

(i) ベンチマークのため調査した他社製品

(ii) ネック技術についてめどを付けたバラック品（試作品）

(iii) 議論、決裁する項目について検討結果をまとめた資料

ここで、資料を準備する際に心掛けるべきことがあります。それは、理解しやすい資料を準備することです。参加者が内容を理解できないと議論が深まらないからです。そのためには、難しいことを分かりやすくまとめる必要があります。ただし、簡単なことではありません。気を付けるべきポイントは3つあります。

まず、［1］資料に**ストーリー性**を持たせること。一般に、起承転結（ストーリー）のある話は理解しやすいといえます。開発促進会議の説明資料も同じこと。ストーリー性を持たせる必要があるのです［Example 8］。

続いて、［2］資料は結論よりも**考え方と根拠**が重要であること。でき

表 3-3 ● 開発促進会議で議論する項目
(出所：ワールドテック)

	項目	内容	段階			
			開発製品選定方針	開発製品選定	目標設定	ネック技術開発
1	開発背景	現状分析と評価 性能、機能、信頼性、コストなど	○	○		
2	顧客の声	市場の顧客、自動車メーカー、1次部品メーカー	○	○	○	
3	競合他社	ワールドワイドなベンチマーク		○	○	○
4	新製品開発の基本方針	目標値の設定 基本性能、信頼性、コスト、特許			○	
5	主な開発技術テーマ	ダントツ目標値達成へのネック技術対応 要素技術・製品基本機能・個別機能			○	○
6	組織・陣容・開発費	社内組織（クロスファンクショナルチーム）、社外との共業など	○	○	○	○
7	経済性	生産予測、売り上げ予測、リターンマップなど	△	○		○
8	大日程	量産開始までの大日程	○	○	○	○
9	成果の評価	財務、顧客、業務、学習/成長指標、目標値…	△	○	○	○

開発製品選定方針を節目として、4回実施する場合。
△：必要に応じて実施。

る限り定量的な根拠を踏まえて説明することが大切です。

そして、[3] 資料は生データの羅列を避けること。生データを資料にして説明を受けても、開発促進会議のメンバーがその意味をその場で理解し、整理することは至難の業です。従って、生データを整理し、そこから何が言えるのかをまとめた資料を作成することが大切です。

これらのポイントを押さえた資料を準備すれば、メンバーの理解を促して議論が深まります。ただし、生データは必要です。バックデータとしていつでも提出できるようにしておきましょう。

Example 8 ストーリー性のある資料とは、次のような順序で各内容を記載したものである。

[1] 開発の背景：現状分析と評価（性能、機能、信頼性、コストなど）

[2] 上位システムと商品の役割：システム概要と商品の使われ方

[3] システム動向と商品動向：顧客情報などからのシステムと商品のロードマップ

[4] 主な商品仕様と根拠：真のニーズを踏まえた主な商品仕様の把握

[5] ベンチマーク：主な競合企業の製品の精査による差異化ポイントの把握

[6] ダントツ目標値と根拠：目標値の4要件を満たしていること

[7] ネック技術と対応：ダントツ目標値の阻害要因を打破するための技術課題の把握、その技術課題に対するめど付けの理論と検証

[8] 基本特許調査と出願：ネック技術対応策の特許抵触の有無の判断、基本特許の出願、特許マップ

[9] 開発体制：組織、陣容、担当者、クロスファンクショナルチーム、社外専門企業との協業、納入先との共同開発など

[10] 生産数量と売り上げ見込み：経済性の判断材料

[11] 大日程：先行開発、量産設計、生産準備に必要な期間、量産開始時期の見込みに対する整合性

(2) 開発検討会

開発検討会は、先行開発プロセスのサポートプロセスの主な作業ごとに行います（第3章4.2.[1]；p.86参照）。

①種類とタイミング

開発検討会では、サポートプロセス（第3章4.2.[1]；p.86参照）の各取り組みについて検討内容を議論、決裁します*16。次の通りです。

（ i ）既存品の問題点の分析について
（ii）開発製品の選定方針について
（iii）システム分野の選定について
（iv）システムにおける製品の動向について
（ v ）ベンチマークについて
（vi）開発製品の開発方針について
（vii）ダントツ目標項目選定について
（viii）ネック技術の対応方針について

＊16　開発検討会の議論の中身の例は第3章5.1.[3]（p.119）を参照。

②メンバー

開発検討会のメンバーは、企画、設計、生産技術の各部門の担当者です。必要に応じてシステム関連部署や要素技術専門部署からも担当者に参加してもらいます。

[7] 風土・土壌（7番目の設計力要素）

先行開発における7つの設計力要素のうち、7番目は**風土・土壌**です。風土・土壌は、ものづくりの姿勢と言い換えることができます。ものづくりの姿勢を「WAY（ウェイ）」という言葉で表現すると、その姿勢には**変革のWAY**と**守るべきWAY**の2つがあります。これを先行開発と量産設計に当てはめると、先行開発は変革のWAYとなります。一方、量産設計は守りのWAYを重視しなければなりません（第4章4.2.[7]；p.260参照）。

守りのWAYは、「品質へのこだわり」と「コストへのこだわり」「納期厳守」が大切ですが、変革のWAYは次の2つを重視する必要があります。

「**リスクを恐れない風土**」

「**チャレンジを評価する風土**」

先行開発は未知への挑戦です。高い目標値（ダントツ目標値）を見いだし、新たな技術を開拓することが何よりも大切となります。1度でうまくいくとは限りません。むしろ失敗を繰り返す場合が多いでしょう。

リスクを恐れない風土とは、失敗をある程度許容できる職場であり、かつ、最後は必ずやり遂げるという雰囲気が当然のように定着している職場のことです。また、チャレンジを評価する風土とは、高い目標にチャレンジして1年後に50％しか達成できていないケースと、通常業務を100％達成した場合に、前者を評価できる職場のことです。すなわち、高い目標へ果敢に挑戦した設計者を高く評価できる職場でなければなりません。ダントツ目標値を狙う職場にはこのような風土・土壌が備わっていないといけないのです。

point ▶ ７つの設計力要素のまとめ

先行開発（製品選定、ダントツ目標値の設定、ネック技術のめど付け）をやりきるには、次の７つの設計力要素が必要となる。各要素のエッセンスを**表 3-4** にまとめた。

表 3-4 ●先行開発の７つの設計力要素を構成するもの
（出所：ワールドテック）

要素	具体的に備えるべきもの
1．先行開発プロセス	システム動向調査・製品動向調査・ベンチマーク・真のニーズの把握・ダントツ目標値設定・達成技術確立…（約 40 ステップ）
2．技術的知見やノウハウ	・豊富な開発成功事例（集） ・横断的な要素技術・基盤技術、数多くの製品固有技術…
3．各種ツール	・なぜなぜ分析、品質機能展開、VE…、CAE/CAD… ・阻害要因打破（ブレークスルー）のための発想法
4．人	技術者＋開拓者 ・課題把握力・情報収集分析力・システム理解力・他社製品調査力・ベンチマーク力・特許調査力・実機調査力・実験力・ロードマップ活用力・システム動向情報収集力・特許出願力… ・チャレンジ・課題を打破するやり抜く気概・情熱・チームのモチベーションを上げるリーダシップ力…
組織	クロスファンクショナルチーム・専門メーカーとの協業…
5．判断基準	・開発目標値と４要件（根拠）、標準設計基準、類似品設計基準…
6．検討・議論と審議・決裁	・開発促進会議（議論と決裁） ・要素作業毎開発会議（システム勉強会・実機調査検討会…）
7．風土・土壌	リスクを恐れない風土・失敗してもチャレンジを評価する風土 （例：チャレンジ成果 50%が通常業務 100%より評価が高い）

①先行開発プロセス
②技術的な知見やノウハウ
③各種ツール
④人と組織
⑤判断基準

⑥検討・議論と審議・決裁
⑦風土・土壌
設計者個人が身に付けて伸ばさなければならないものと、設計職場の組織として生かさなければならないものがある。ただし、個人と組織は一体だ。個人の設計力が伸びれば組織の設計力が高まり、逆もしかりである。個人と組織の設計力をスパイラルアップさせることが大切となる。

5. 先行開発の事例

ここからは、先行開発の進め方について理解を深めるために事例を紹介します。電子制御燃料噴射システムに関する製品の先行開発の例です。現在、自動車業界はCASE（Connected；コネクテッド、Autonomous；自動運転、Sharing；シェアリング、Electric；電動化）の進化で100年に1度の変革期を迎えたといわれています。しかし、実は1980年代にも自動車業界は大きな変革期を経験しました。エンジンシステムがキャブレターから電子制御燃料噴射システム（EFIシステム）に急速に置き換わったのです。この事例は自動車パワートレーン系部品を造る部品メーカーにとっての大変革期に、当時デンソーの開発設計者だった筆者が経験した、ダントツ目標値を目指した先行開発の取り組みです。現在、**電動化の進展**でエンジン部品が減ることに危機感を覚えている読者の参考になることでしょう。

この事例を、先行開発の基本プロセスの流れを踏まえて取り上げます。具体的には次の3つです。

［1］製品の選定

[2] ダントツ目標値の設定

[3] ネック技術のめど付け

5.1 製品の選定

製品の選定とは、ダントツを狙う製品を選ぶ段階のことです。取り組みは次の流れとなります。

[1] 市場の動向の把握

[2] 開発リソースの確保

[3] 新製品の選定方針決め

[4] 方針に基づく新製品の選定

[1] 市場の動向の把握

新製品開発の背景には、世界における排出ガス規制や燃費規制の強化がありました。この事態を踏まえ、自動車業界で進化する電子制御技術を活用し、自動車用エンジンシステムをキャブレターシステムから電子制御燃料噴射システムへ転換する動きが出てきました。その結果、電子制御燃料噴射システムから新たな製品が数多く開発され、世界一の製品が数多く誕生する状況でした。そのため、電子制御燃料噴射システムに関する新たな製品をタイムリーに手掛ける部署は事業を大きく伸ばしていました。

このように、新製品の開発はシステムの変革期を見据えて取り組む必要があります。一方で、キャブレターシステムの製品を開発設計していた筆者の職場は新規製品の開発が減り、事業は先細りの状況でした。そこで、新製品の開発をすることでこの状況を打開することにしました。

[2] 開発リソースの確保

こうして新製品を開発する方針を打ち出しましたが、開発には人と資金が必要です。しかし、新製品を開発する旗印を掲げても、その意気込みだけでは人も資金も会社からは補充されませんでした。そこで、自職場内で人と資金を捻出する取り組みを開始しました。これは、**選択と集中**によるアウトソーシングです[*17]。

自職場では複数の製品を担当していましたが、売り上げがそれなりに大きい製品もあれば、小さいものもありました。そこで、製品別に設計者１人当たりの売り上げを計算し、１人当たりの売り上げの大きなものは開発を継続し、小さなものはアウトソーシングすることにしました。

この選択と集中において判断基準は、事業部における**設計者１人当たりの売り上げ目標値**であるX億円/人としたのです（図3-20）。選択と集中の判断基準に設計者１人当たりの売り上げも有効というわけです。

$$\text{選択と集中}\left(\frac{\text{売り上げX億円}}{\text{設計者1人}} \geqq \text{アウトソーシング}\right)$$

図3-20●設計者１人当たりの売り上げは選択と集中の判断基準
（出所：ワールドテック）

＊17　自動車部品の開発工数は、生産数が100個/月でも１万個/月でも大きく変わらない。なぜなら、自動車部品は生産数量にかかわらず、重致命故障をゼロに、一般故障も数ppm以下にしなければならないためだ。

[3] 新製品の選定方針決め

選択と集中で開発リソースを捻出したので、続いて、それまでの新製品開発の取り組みにおける課題（問題点）を振り返りました。そして、この振り返りを踏まえて新製品を選ぶ方針を決めました。

この**新製品選定の方針決め**の手順は次の通りです。

(1) これまでの開発取り組みの問題点を見いだす。

(2) 問題点の真の原因を明らかにする。

こうして新製品を選ぶ方式を決めるのです。

(1) これまでの開発の取り組みの問題点を見いだす

自職場では新製品を継続的に市場に投入していましたが、他部署と比べて1製品当たりの売り上げが小さい状況でした（図3-21）。なぜ1製品当たりの売り上げが小さいのか、既存製品のQ（性能や信頼性など）とC（コスト）、D（ここでは投入時期）の点で振り返りました。しかし、悪影響を与えている要因は認められず、競合企業にも劣っていませんでした。

これに対し、例えば隣の部署では1、2種類の製品しか手掛けていないのに、売り上げがかなり大きく、利益もしっかり確保していて事業部の柱となっていました。隣の部署が手掛ける製品と比べて筆者の部署の売り上げは1/10に満たず、差は歴然でした。隣の部署の製品は、まさに**成功例**だったのです。

そこで、この**成功例と比較**することで、これまでの取り組みの問題点を議論することにしました。結果、従来の取り組みの問題点は、「売り上げが小さな製品ばかりを手掛けてきたことにある」という判断に至りました。それまでは、売り上げが小さな製品ばかりを手掛けていることが大きな課題であるとは認識していなかったのです。

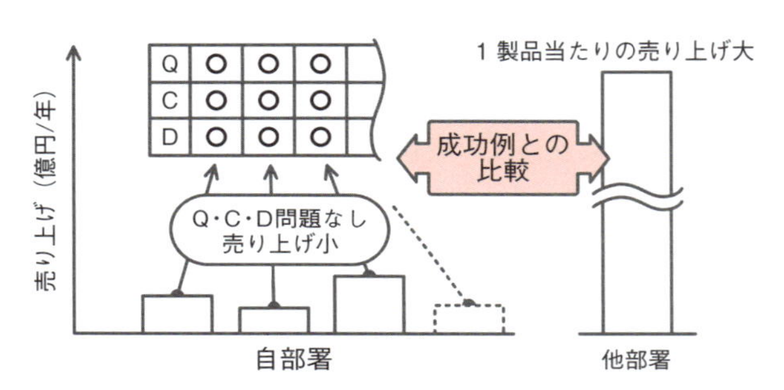

図 3-21 ●成功例との比較で問題点を明らかにする
（出所：ワールドテック）

(2) 問題点の真の原因を明らかにする

こうして、これまでの取り組みの問題点を把握したので、次に原因について議論しました。なぜ売り上げの小さい製品の開発ばかりに取り組んできたのか、**真の原因**を掘り下げたのです。すなわち、**管理上の原因**の見極めです（表 3-5）。

管理上の原因を明らかにする価値は、新製品を選ぶ方針が決まるところにあります。管理上の原因を裏返せば、それが選定方針となるのです。

真の原因の見極めには、品質管理手法の**なぜなぜ分析**手法を使いました（表 3-6）。多くのメンバーと共に十分に時間をかけて検討しなければなりません。なぜなら、なぜなぜ分析によって導かれた管理上の原因から、新製品を選ぶ方針が決まるからです。

すなわち、選定方針が先行開発の取り組み全体を支配するのです。方針が異なると、選定する製品が異なってしまいます。従って、方針決めというフロントローディングが大切なのです[*18]。

表 3-5●管理上の原因が明らかになれば対応方針が決まる
（出所：ワールドテック）

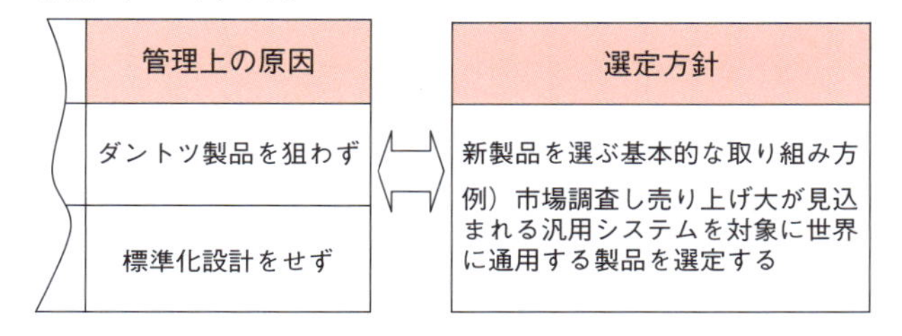

管理上の原因		選定方針
ダントツ製品を狙わず	⇔	新製品を選ぶ基本的な取り組み方 例）市場調査し売り上げ大が見込まれる汎用システムを対象に世界に通用する製品を選定する
標準化設計をせず		

表 3-6●売り上げが小さい真の原因をなぜなぜ分析手法で把握
（出所：ワールドテック）

既存製品の問題点	第1原因	第2原因	第3原因	管理上の原因
各製品の売り上げが小さい	現納入先で満足	・・・		ダントツ製品を狙わず
	製品の運用システムが限定されている	・・・		標準化設計をせず

*18　方針がその後の先行開発の取り組み全体を支配するので、時間が許せば月単位で議論する価値がある。当時、なぜなぜ分析を使って管理上の原因を見極めるために、毎週末に上司を含めたメンバーが集まって議論を繰り返した。壁に当たると社内からだけではなく、社外からも成功体験を情報収集した。規模と分野が自職場に似ている部品メーカーなど、複数のメーカーへの聞き込みも行った。その結果、以下のような結論を導き出した。

・製品開発の問題点は、各製品の売り上げが小さいことにある。

・管理上の原因は、世界 No.1 製品を狙っていなかったことにある。
・標準化設計をしていなかった。
・新製品の選定方針は、売り上げの増大が見込める汎用システムを対象に、世界に通用する製品を選定する。

[4] 方針に基づく新製品の選定

新製品選定の方針が決まると、次は、その方針にのっとって開発する製品を選定します。この新製品選定の手順は次の通りです。

(1) 新製品を選ぶシステム分野を選定する

(2) 開発する製品を決定する

(1) 新製品を選ぶシステム分野を選定する

まず、新製品を選ぶシステム分野を検討しました。具体的には、開発する車載センサーを決めるため、自動車のシステム分野を検討しました(図 3-22)。

選定の手順は以下の通りです。

①車載電子制御システムを情報収集*19

②各システムを構成するセンサーをリストアップ*20

③センサーの価格を推定し、システム分野別にセンサーの市場規模を推定

④その市場の将来性を判断し、システム分野を選定*21

検討には、**ロードマップ**(各システム分野の電子制御システムの動向を見極め)を使いました。

結果、選んだのは駆動系分野でした。当時は駆動系センサーの市場規

模は小さかったのですが、急速に電子制御化が進むと判断しました。新たな市場の拡大が期待されたのです。

ここでは**足で稼ぐ情報収集**という根気の要る取り組みを行い、**システムの情報収集・分析**に取り組みました。

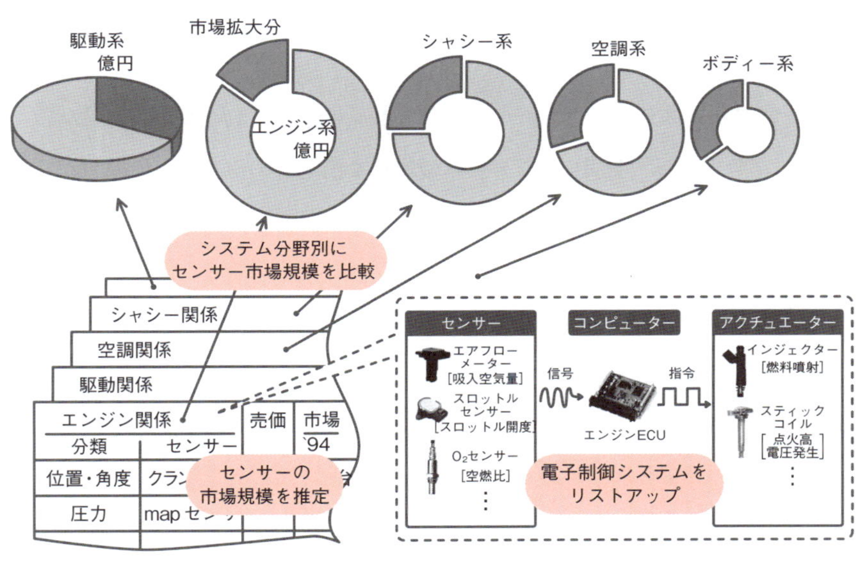

図 3-22 ●システム分野別にセンサーの市場規模を推定
（出所：ワールドテック）

＊19　車載電子制御システムは、センサーと電子制御ユニット（ECU）、アクチュエーターで構成される。

＊20　システムに必要な温度や振動、角度などの物理量を調べ、その物理量を検出するためのセンサーを情報収集した。

＊21　それぞれの制御システムの将来動向と装着率の変遷も推測した。イメージを伝えると「エンジン系はＸ億円と最大市場で、その後の燃費規制や排出ガス規制の強化にと

もないGDI（Gasoline Direct Injection：ガソリン直接噴射）などの新しいシステムが投入され…。シャシー系や空調系もここ数年は…。一方、駆動系はAT（Automatic Transmission：自動変速機）の電子制御化が急激に進んでおり、また、ボディー系はASV（Advanced Safety Vehicle：先進安全自動車）やキーレスなどの各種自動化関係が今後伸びる…」――といった具合だ。

(2) 開発する製品を決定する

駆動系システムを選んだので、次に製品の選定に取りかかりました。10年のスパン（期間）でシステムの進化を推定し、システムに使われる各デバイスの市場規模を**定量的に予測**しました。その手順は次の通りです。

①ATのシステムの推移を推定

②それに伴う制御の動向を推定

③その制御をコントロールするために必要な物理量を判断

④その物理量を扱うためのデバイスへの落とし込み*22

これらの推定にも**ロードマップ**（選んだ分野のシステムとデバイスの見極め）を使いました。結果、選定したのはセンサーです。ただし、そのセンサーが基盤技術の延長線上で対応できるかどうかは重要な判断基準となりました。

***22**　イメージを伝えるとこうなる。「ATは電子制御ATから…、CVTへと進化する。システムの進化に伴い、制御自体も継合制から応答性制御…などへと高度化していく。それに伴って、多くのデバイスが必要だ。中でも、全てのシステムに必要なセンサーAは世界で…市場が見込まれ、かつ現時点では成長段階にある…」――。

5.2 ダントツ目標値の設定

こうして開発する製品が決まったので、次はダントツ目標値の設定に移行しました。ダントツ目標値の設定の手順は次の通りです。

[1] ベンチマークによるダントツ目標項目の選定

[2] 開発方針の下にダントツ目標値を設定

[1] ベンチマークによるダントツ目標項目の選定

ベンチマークによる**ダントツ目標項目**の選定では、まず、**ワールドワイドなベンチマーク**を行いました。開発する上で競合となり得る世界の主な企業の製品を取り寄せ、性能や機能、体格、構造、コストなどを精査しました。すなわち、「他社製品調査」です。この調査結果からダントツ目標項目を絞り込みました。この取り組みについては第3章3.[2]（p.71）の事例で取り上げていますが、ダントツ目標項目の選定という重要な活動なので、ここでもう一度詳しく解説します。

当時、そのセンサーの世界市場の中では多くの企業が拮抗しており、いわゆる「ダントツ企業」は存在していませんでした（図3-23）。そのため、ダントツメーカーを目標に開発方針を立てる定石が使えませんでした。

世界の市場調査

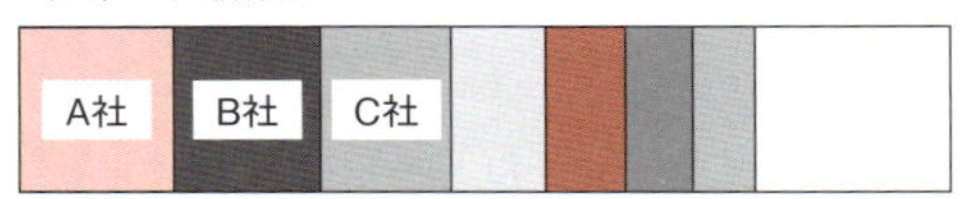

●世界の主要メーカーのシェアを調査。
多くのメーカーがシェアを分け合っていた世界の市場で、いわゆるダントツメーカーがないことが、ダントツになるための課題と判断。
●ダントツメーカーがない管理上の要因を明らかにし、開発方針を決めることとした。

図 3-23 ●ダントツメーカーがないことが勝てるチャンスと判断した
（出所：ワールドテック）

ここで、2つの選択肢があります。多くの先行企業があるので製品選定をやり直すか、もしくはその製品のまま開発を進めるか、です。当初、私たちは製品選定のやり直しに傾きかけました。しかし、結論をいえば、その製品のまま開発を進めることにしました。ダントツ企業がないことを、私たちは「勝つチャンス」と捉えたのです。すなわち、ダントツ企業がない理由を明らかにすれば、ダントツ製品を目指す**開発方針**が決まると判断したのです。

開発方針を見いだした手順は次の通りです。

(1) 製品調査結果の確認

まず、製品調査結果をよりどころとしました。分かったことは、どの企業の製品もコンセプトが類似しており、「コンセプトの差異化」ができていないことでした。

(2) 管理上の原因の検討

なぜ差異化できていないかについて、仕事の取り組み方、すなわち「管理上の原因」を検討しました（表 3-7）。

第 1 原因：性能差なし、コスト差なし

第２原因：納入先の要求通りの設計、基本設計が同じ

第３原因：駆動系上の「うれしさ」をつかんでいない、既存技術の範囲内での設計

これらの原因から、**システム全体で考えていない、大胆な発想がない設計**という管理上の原因を導き出しました。

(3) 開発方針の決定

管理上の原因を踏まえて、ダントツ製品を目指す「開発方針」を決定しました。先述の通り、管理上の原因を裏返すと開発方針が決まります。開発方針は**駆動系システムに真にうれしさがあるダントツ性能**の達成、および**差異化技術によるダントツコスト**の達成です。

(4) ダントツ目標項目の設定

こうして決めた開発方針が、すなわちダントツ目標項目となります。ここで使った手法は、なぜなぜ分析です。

世界の市場でダントツ企業が存在しないことは、ダントツ製品への足掛かりとなります。ダントツ企業が存在しない管理上の原因を明らかにすれば、ダントツ製品を目指す開発方針となり、ダントツ目標項目の設定につながります。具体的には、競合企業の「弱み」を明らかにすれば、差異化することが可能なのです。そして、この管理上の原因を明らかにするには、**なぜなぜ分析**が有効です。

表3-7●ダントツメーカーがない管理上の原因を明らかにし、対応方針を決定する
（出所：ワールドテック）

問題点	第1原因	第2原因	第3原因	管理上の原因	対応方針
現状 ダントツメーカーなし	性能差なし	センサーメーカーへ確認 納入先の要求通り設計	駆動系上のうれしさをつかんでいない	駆動系システム全体で考えていない	駆動系システムに真にうれしさがあるダントツ性能達成
	コスト差なし	現物確認とセンサーメーカー確認 基本構造が同じ設計	既存技術の範囲内で設計	大胆な発想設計なし	差別化技術によるダントツコスト達成

[2] 開発方針の下にダントツ目標値を設定

ダントツ目標項目を設定したら、次は**ダントツ目標値**の設定です。項目はダントツ性能とダントツコストでした。順に取り組みを紹介しましょう。

(1) ダントツ性能の設定

先に、「駆動系システムに真にうれしさがあるダントツ性能を見極める」という方針を掲げました。**真のニーズ**（顧客のうれしさを見いだし、商品仕様に置き換えたもの）を掘り起こさなければなりません（第3章3.[1]；p.64参照）。

部品技術者の立場にとどまらず、「システム技術者」として取り組みました[*23]。

システム技術者として真のニーズを見極めた方法は次の通りです（図3-24）。

①**実機調査**

②**出向者からの情報収集**

③**情報交換会**、勉強会（自職場や実験部署、出向者、他のシステムなど関係部署）

④見極めた真のニーズを顧客へ提案

提案したのは、性能を従来のXからYへ上げることで得られる次の内容です。このような提案ができれば、まさに「提案型の仕事」です。

（i）部品の統合化によるシステムコストダウン

（ii）システム側の取り付け面の無切削化

（iii）システム側の取り付け自由度大、など

⑤顧客に認めてもらった真のニーズをダントツ目標値へ置き換える

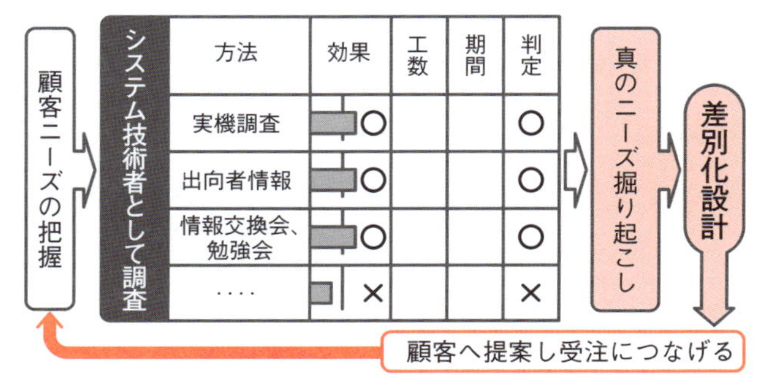

図3-24●部品技術者でもシステム技術者の気持ちで真のニーズを掘り起こす
（出所：ワールドテック）

筆者が開発したセンサーで真のニーズを把握する活動では、まず調査方法を選びました。その候補として、システムの実機調査や文献調査、特許調査、自動車メーカーへの出向者からの情報などを挙げました。それらの中から、予想効果や工数、要する期間などを踏まえて、実機調査と出向者情報の2本柱で調査を進めることにしました。こうして、社内の実験部署と他の関係部署、出向者で部門横断型チーム（クロスファンクショナルチーム）を結成。システムの勉強会や出向者との意見交換会などを計画的に行って、顕在化していない商品仕様の掘り起こしを進めていきました（図3-25）。

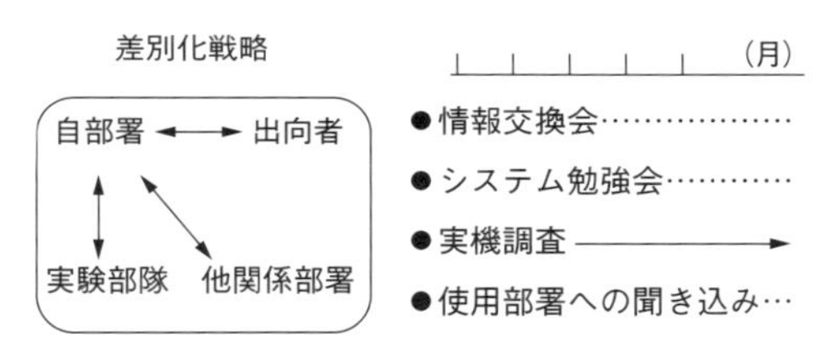

図3-25●クロスファンクショナルチーム活動での商品仕様の掘り起こし
（出所：ワールドテック）

商品仕様を掘り起こしたら、ダントツ目標値へと置き換えます。性能［低周波数域×検出距離］のダントツ目標値は、新たに見いだした商品仕様［<HHz×Xmm］に対し、マージンを入れて［HHz×Xmm<H´Hz×X´mm］としました。こうすることで、部品の統合化などのシステムコストダウンという真のニーズを表現できるからです（図3-26）。

この事例のように、顧客の立場に立ってダントツ目標値を見いだす活動は、自動車メーカーと1次部品メーカーの間だけでなく、1次と2次、2次と3次の部品メーカーの間などで可能です。

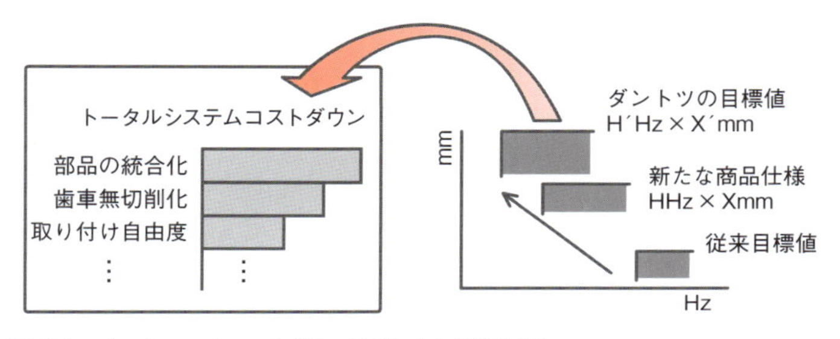

図 3-26 ● トータルシステムコストダウンはダントツ目標値から
（出所：ワールドテック）

＊23　具体的には以下の活動を行った。

[1] 顧客の「真のニーズ」を把握した例

当時、我々は自動車メーカーが出してくる仕様通りの部品を実現する企業だった。そこで、選定したセンサーの性能のダントツ目標値を自動車メーカーから聞き取ろうとした。ところが、その自動車メーカーでは製品を使用している部署と外注先の窓口を担当している部署とが別になっていた。その上、窓口からは外注先に発行される仕様書以外の情報を得られなかった。一方で、我々はその製品を使用する部署の誰とも面識がなく、ダントツ目標値について意見交換できる状況ではなかった。

そこで、部品技術者ではなく、システム技術者としての取り組みを開始した。それは、自動車メーカーにとっての利点である「うれしさ」を掘り起こし、「顕在化していない商品仕様」を把握する活動である。顧客の真のニーズを把握することだ。

ここで、部品技術者としての取り組みを振り返っておこう。自動車メーカーから提示される「商品仕様」を「製品仕様」に置き直し、システム上必要な機能・性能とその目標値を、車両環境や市場環境を考慮した上で、安全率や余裕度を加味しながら、ものとして具現化する。つまり、部品メーカーの取り組みは、自動車メーカーから提示されるシステム上の必要条件を、市場品質を保証する十分条件に置き換えることである。

この取り組みだけでもハードルは高いが、真のニーズを把握する活動とは異なるため、ダントツ目標値の見極めにはつながらない。その見極めには部品技術者の立場から一歩踏み出し、システム技術者としての活動が必要だ。

[2] 競合他社に差をつけた例

車両システムの異物管理で競合他社に差をつけた。自動車メーカーは特に部品メーカーに異物対策の仕様を求めてはいなかった。これに対して部品メーカーは、「自動車メーカーがシステム上で異物管理をしている」という情報を得て、システムに取り付けられた際に異物が来ても問題ないように自社の部品を改良した。その結果、システム側の異物管理が不要となり、システム全体の信頼性の向上とコストダウンにつながった。

この部品メーカーは、自動車メーカーの潜在的な商品仕様である対異物性能を把握し、他社に先駆けて製品仕様に落とし込む対応を取った。その結果、競合メーカーに対して性能を差異化する設計ができ、売り上げ増につながった。まさに「提案型の仕事」である。

(2) ダントツコストの設定

先に述べたダントツ項目の設定で、コストは、差異化技術によるダントツ目標値の達成という方針を導きました。ここでは、ダントツコストを**コストカーブ**から決める方法を紹介します（図3-27）。

ダントツコストを見極めた方法は以下の通りです[*24]。

①世界の主要メーカーの製品をコスト試算

②試算したコストデータから「コストカーブ」を求める

③コストカーブからダントツコストを設定する

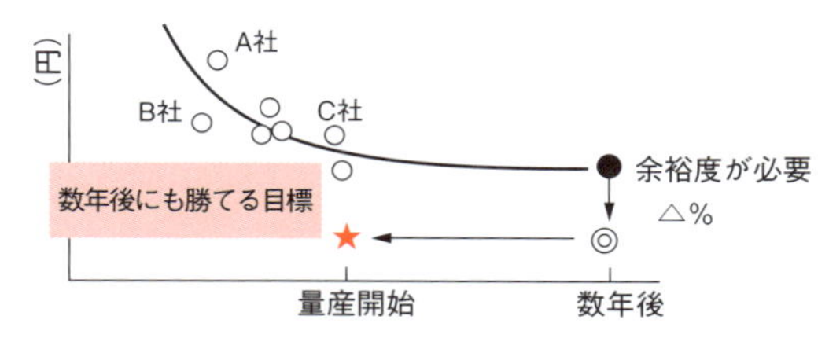

図3-27 ●売価カーブから数年後でも勝てるコスト目標を決定する
（出所：ワールドテック）

＊24 具体的には以下の活動を行った。

コスト設定で陥りやすい罠

「どのようにコスト設定を行うか」と聞くと、多くの場合、「競合企業に負けない値を目標に設定する」と返ってくる。そこで、「競合企業のコストが100円とすれば、いくらを目標値にするか」と質問する。すると、多くの相手は少し考えて「90円にします」と回答する。その回答を受けて、さらに筆者が「競合企業は一生懸命あなたの会社を見ている。1年後に89円で出してくる可能性もある。競合企業の現在の値に勝つだけでよいのか」と尋ねると、ほとんどの人は返答に窮してしまう。

「今現在において競合企業に勝てば良い」という考え方が間違っているとは言い切れない。半年や1年といった短期間で頻繁に新モデルを発売する製品なら、この方法も選択肢となるだろう。だが、現モデルのコストが1年後に競合企業に負けるようでは、次期モデルも楽観視できない。

コスト設定に忘れてはいけない時間軸

つまり、コスト設定では「時間軸」が大切になる。自動車部品の場合は特に重要だ。1度量産されるとその寿命が長いからである。クルマのフルモデルチェンジが仮に4年ごとに行われるとすると、2つのモデルに採用された自動車部品の寿命は8年間になる。ところが、ここに競合企業がより低コストな製品を出してくると、自社の製品が予想に反して短期間で寿命を終えることになる。こう説明すれば、受注を継続させるためにコストに関して時間軸を踏まえた目標設定の取り組みが必要であることがよく理解できるだろう。

競合企業の8年後のコストを予測する

「コストに関する優位性を8年間確保するには、どうすればよいか？」。

答えは「競合企業の8年後のコストを予測しなければならない」である。これを予測するには、まず、世界の主要なメーカーのコストについて現在のコストはもちろん、過去の分まで含めてコスト試算する。そのために、競合企業の製品を購入して分解精査する。自動車メーカーに聞き込むことによってヒントが得られる場合もあるだろう。いずれにせよ、国内外の競合企業の製品を入手し、分解精査してコストを見積もるのは簡単なことではない。当然、労力も時間も要する。

こうして、得られた値を縦軸にコスト、横軸に時間（年）としたグラフにプロットし、8年後までのコスト推移の概想カーブ（以下、コストカーブ）を描く。プロットする点が多ければコストカーブの信頼性が上がる。このコストカーブが示す8年後の値を読めば、それが予測される競合企業のコストとなる。ただし、この予測コストには誤差を見込まなければならない。誤差はプロットしたコストデータの数や経験などを考慮して決めることになるが、20〜30%は見込むことを勧める。

こうして得られた「8年後のコスト予測値」が、取りも直さず、設定すべきダントツコストの目標値なのである。

コストカーブのイメージ

以上をより分かりやすいイメージで伝えよう。現在、競合企業が5社あるとする。調査したところ、ここ数年間でコストが180円から現時点の130円まで低下しており、コストカーブは8年後に100円になると示していることが分かった。誤差として25%を見込むと、設計目標値は「75円」と計算できる。

現在の130円に対してかなり厳しい目標値にしなければならない。「競合企業が130円だから、我が社は120円を目指す」という考えではとても勝てないということが、これでよく理解してもらえると思う。

8年後のコスト予測値を今実現する

このように、時間軸を考慮すると設計目標値は厳しい値となる。それでも、しっかりと受け止めなければならない。では、この厳しい設計目標値をいつ実現するか。当然、今だ。8年後に実現しても何の意味もない。これが世界で勝ち続ける「ダントツコスト」を実現する一歩なのである。

設計目標値は変更があってはならない

以上、ダントツ性能とダントツコストの目標値の設定を事例で取り上げました。「設計目標値」の設定はこれほどまでに厳しいのです。開発途中で競合企業の動向によって簡単に上書きできるようなものではありません。

設計目標値は、顧客が製品を受け入れるかどうかを決めます。さらに、競合企業に勝つか負けるかも設計目標値で決まります。

設計目標値が決まると、関係者は皆、それを達成するために懸命に取り組みます。先行開発とそれに続く量産設計の期間が1年間であろうが2年間であろうが、開発途中で設計目標値を変更することはあってはならないのです。

逆に、変更しなければならない状況に陥ることを防ぐために、設計目標値を設定する際には根拠を明らかにする必要があります。「明らか」とは、**定量的な根拠を**示すということです。

設計目標値の設定には十分な時間をかけなければなりません。製品の重要度にもよりますが、開発途中に目標値を変更する影響の大きさを考えると、設定に半年や1年といった時間をかけても惜しくはないはずです。

5.3 ネック技術のめど付け

ここまでで、ダントツ性能とダントツコストの目標値を見いだしました。これらのダントツ目標値は従来の値に比べてレベルが高いため、自職場が持つ基盤技術だけではすぐには対応できない技術的な課題が存在します。それがネック技術です。ダントツ目標値を決めた後は、このネック技術のめどを付ける必要があります。

ネック技術をめど付けする手順は次の通りです。

［1］ダントツ性能の目標値と実力値との間には大きな乖離がある。その乖離をもたらしている要因**阻害要因**を全て抽出する*25。

［2］抽出した阻害要因の中から、性能を現在の実力からダントツの値に引き上げるために取り除かなければならない要因を決める。

［3］選んだ阻害要因を取り除く取り組み**阻害要因の打破**を行う。

つまり、ネック技術とは「阻害要因を打破する技術」と定義できます。

ダントツ性能とダントツコストのネック技術のめど付けは、ダントツ目標を達成するための手順を踏まえています。順に紹介します。

＊25 阻害要因の抽出について詳しく解説する。仕様Aの実力Xに対し、ダントツ目標値XXを狙う（**図3-C**）。実力がXであるのは、仕様Aの構成にマイナスの影響を与える要因が存在するからである。そのマイナス要因をなくすか、小さくできれば、XXに到達する。さらに、限界まで小さくするか、完全になくすことができれば、目標値を到達できる潜在限界値LXXとなる。

すなわち、潜在限界値LXXと現実力Xのギャップを成すマイナスの要因、これが「阻害要因」である。

阻害要因は、複数の因子から構成される。潜在限界値と実力とのギャップの乖離分Y

は阻害要因 y1、y2、y3、…から構成される。この y1、y2、y3…、の全てをなくせば、限界性能に到達できる。しかし、現実的に全ての阻害因子をなくすことはできない。このうちのいくつかをなくすか、小さくすると、ダントツ目標値を実現できる。

これを踏まえると、ダントツ目標を達成する手順は次のようになる。

①ダントツ目標値の設定

②潜在限界値の見極め

③阻害要因の抽出

④阻害要因の打破。

さらに、阻害要因は階層的にブレークダウンされる。**図 3-D** に示すが、阻害要因 y1 は、さらに y11、y12、y13、…、から構成される可能性がある。

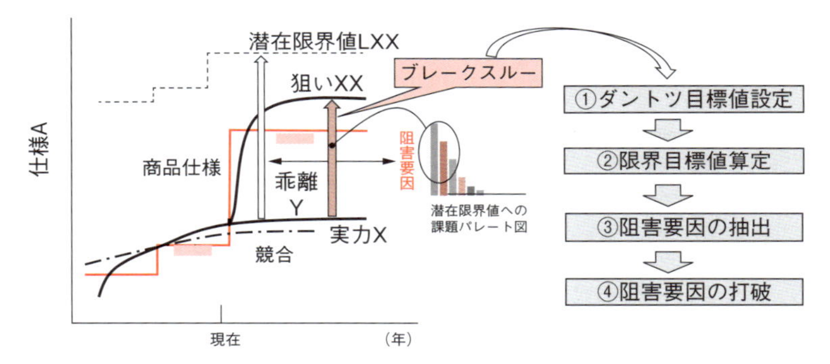

図 3-C ●狙い値と実力値の間の阻害要因を打破する
(出所：ワールドテック)

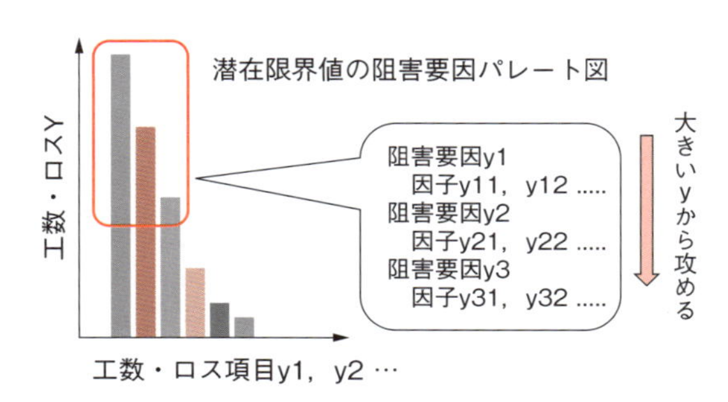

図 3-D ●阻害要因は階層から成る
(出所：ワールドテック)

[1] ダントツ性能のネック技術のめど付け

必要な技術は分かっているものの、それが自職場になかった場合に、**ダントツ性能**のネック技術のめどを付けた事例です（第3章4.2.[2]；p.97参照）。この場合、必要な技術、すなわちネック技術は3次元磁場解析でした。これをめど付けした手順は以下の3つです。

(1) 阻害要因の抽出

第3章5.2.[2]（p.128）で明らかにしたダントツ性能と実力値との乖離をもたらしている**阻害要因を抽出**しました（図3-D）。

・ダントツ性能 3mm

潜在限界検知性能 5mm

現実力 1.5mm

・阻害要因は

マグネット特性ばらつき y1：y1＝Σ y11＋y12＋y13＋…

素子検知能力ばらつき y2：y2＝Σ y21＋y22＋y23＋…

素子とマグネットの温度特性による性能低下 y3

高速回転域での素子の検知性能低下 y4

素子とマグネットを筐体へ固定する位置のばらつき y5

・阻害要因Yは、Y＝Σ yn(n=1〜5)＝潜在限界値5－実力1.5mm

(2) 打破する阻害要因の選定

抽出した阻害要因の中から、現在の実力からダントツの値へと引き上げる要因（打破する阻害要因）を選びました。

・打破する阻害要因Zは、Z＝Σ ynn＝ダントツ性能3－実力1.5mm

（ynn：マグネット特性のばらつき）

マグネット特性のばらつき y11

素子検知能力ばらつき y21

筐体の構造を見直し y51

(3) 阻害要因を打破する活動

打破すべき阻害要因 Z＝Σ ynn を見いだせたので、阻害要因を打破する活動を行いました。これがネック技術のめど付けとなります。まず、対応方針を検討しました。

①試作品を多種作って絞り込む

②理論解析である程度絞り込み、続いて試作品で検証する

③理論解析のみで検証まで行う

これらの3つの選択肢から工数や効果、期間を考慮した上で、②の理論解析と試作品の組み合わせという検討方針を選びました。

ところが、大きな課題がありました。3次元磁場解析のツールが社内になかったのです。しかも、この解析ツールはかなり高価でした。そこで取り組んだのが**部門横断型チーム**（クロスファンクショナルチーム）活動です。

具体的には、設計部署と解析を行う専門部署、解析環境整備を推進する部署の3つの部署でチームを組み、議論を重ねて、この解析ツールの導入で見込める全社的なメリットを詰めました。そして、購入権限を持つ部署へ働きかけました。すなわち、自職場だけではできないことを、他部署とチームを組むことによって可能にしたのです（図3-28）。

こうして、ダントツ目標値と実力値とのギャップとなる阻害要因を見

いだし、その阻害要因をクロスファンクショナルチーム活動で打破しました。

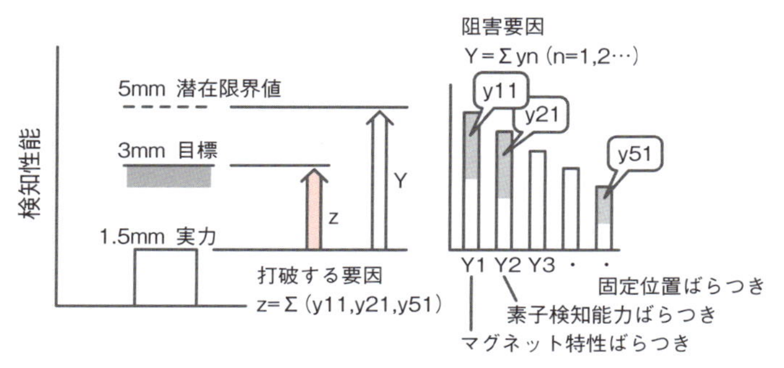

図 3-28 ●阻害要因の打破（例）
（出所：ワールドテック）

[2] ダントツコストのネック技術のめど付け

技術課題は分かっているものの、どのような技術が解決してくれるのか分からない場合に、ダントツコストのネック技術のめどを付けた事例です（第3章4.2.[2]；p.97参照）。そのめど付けの手順は次の通りです。

(1) 阻害要因の抽出

他社製品を調査し、第3章5.2.[2](p.132) で明らかにしたダントツコストと実力値との乖離をもたらしている阻害要因を抽出しました。そのために、世界の主な製品を入手して精査しました。コストがかかっている部品を抽出したのですが、どの企業の製品も差がありませんでした。そこで、「部品レベル」ではなく、機能レベルのコスト検討に方針を変えました。VE（Value Engineering；価値工学）を使い、機能レベルでコストアップの要因、すなわち阻害要因を絞り込みました。

その結果、信号の伝達機能に多くのコストがかかっていることが分かりました。

(2) 機能を集約する技術の検討

成功事例（第3章4.2.[2]；p.97参照）との比較法を使い、機能を集約する技術を検討しました。成功事例は大きなコストダウンを達成している社内の事例で、回路基板とそれを固定するケースを一体化し、ケースに基板の機能を集約していました。

信号の伝達機能は、信号の変換や素子の固定、基板の固定、外部取り出し機能との結合など、複数の機能から構成されていました。成功事例の発想の下、信号の伝達機能の集約を検討しました。

(3) 阻害要因の打破

信号伝達機能の集約（**阻害要因の打破**）のために**技術を世界に広く求め**ました（図3-29）。機能の構成要素ごとに専門企業マップを作成し、各企業の持っている要素技術を社内の専門部署（生産技術部署）を交えて技術評価。**技術マトリックス**を作成し、対応技術を探しました。

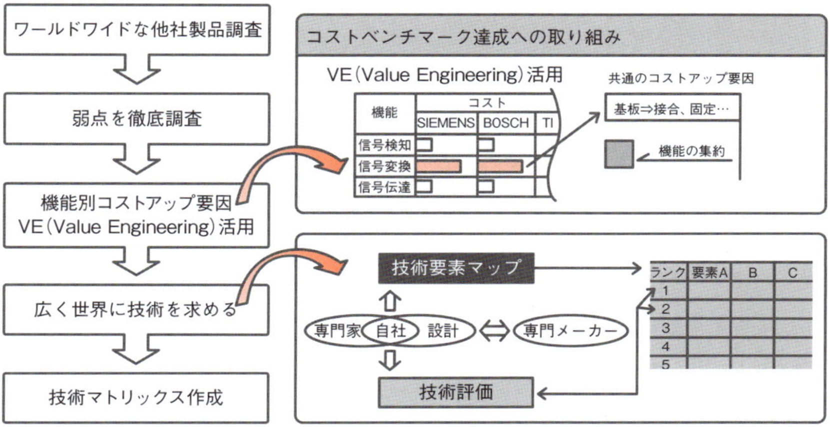

図 3-29 ●世界に広く対応技術を求めた
（出所：ワールドテック）

ネック技術の取り組み（阻害要因の打破）で意識しなければならないこと

ネック技術への対応は、ダントツ目標値と実力の大きなギャップを、新たな技術で乗り越える活動です。柔軟な発想や取り組む体制なども意識しなければなりません。

3次元磁場解析がネック技術となった先の事例では、最適な磁気回路を見いだすために、社内にはなかった3次元磁場解析のツールを導入しています。解析部署などとチームを組み、解析システムの購入権限を持つ部署へ働きかけて実現しました。

また、ダントツコストのネック技術のめどを付けた先の事例では、世界に広く技術を求め、かつ社内の専門部署とチームを組んで新たな技術を見いだしました。これら2つに共通しているのは、**チーム活動**と、**他部門や他社の事例を謙虚に学ぶ姿勢**です。ネック技術のめど付けは1人

（自職場）だけでできるものではありません。それにふさわしい取り組み姿勢が必要なのです。4つの取り組み姿勢が考えられます。

①**現状を疑う**

これまでの技術や設備、プロセス、常識といわれていることに縛られすぎない*26。先入観に偏りすぎないことが大切です。

②**リスクを恐れない**

リスクを回避しすぎると思考が狭くなる上、一歩が踏み出せません。1度や2度くらい失敗しても、最後はやり遂げるという思いが大切です。もちろん、挑戦した上での失敗は認める職場の風土が必要です。例えば、**高い目標にチャレンジ**して50%しか達成できなくても、標準レベルの仕事を100%達成した場合よりも高く評価する風土です（第3章4.2.[7]；p.114参照）。

③謙虚に学ぶ

自社の他部門や他社、他の産業の成功事例を謙虚に学ぶことが大切です。新たな気づきが生まれることがあるからです。

④リーダーはやり抜く気概を持つ

クロスファンクショナルチーム活動では**リーダーのやり抜く気概**が大切となります。メンバーのモチベーションの維持や高揚にも気を配らなければなりません。

*26　数年前の筆者の経験だ。ある新聞記事に目が留まった。近づいてくるクルマに、道路工事で車線が狭くなっていることを超音波で知らせるという記事だ。超音波がクルマに当たると周波数が変わり、ドライバーに聞こえる音となる。超音波は直進性があり、周りのクルマや人には伝わらないため騒音にはならない。なぜこの記事が目に留まったのか？ 筆者の常識を越えた発想だったからだ。

クルマの自動運転化に向けた課題の1つは、横断歩道を渡りかけている人や、後進時に後方にいる人に注意を喚起するメッセージを伝えることだろう。ただし、無関係の人に騒音になってはならない。伝えなければならない特定の人だけにメッセージを届けることが課題である。

実は、そうした製品を開発できないかと筆者は思考していた時があった。この記事が目に留まるまでは、メッセージを伝える音源は「可聴域の周波数」という固定観念から抜け出せなかった。常識にとらわれていたのである。音源には超音波を使い、被写体にぶつけて可聴音に変える。まさに発想の転換である。発想を変えると技術の検討範囲が飛躍的に広がる。

point ▶ 先行開発の事例のまとめ

事例は以下の通り、多くのステップを踏んでいる。

[1] 世界市場の動向を踏まえる
[2] 開発のリソースを確保する
[3] 既存製品の問題点を洗い出す
[4] 新製品選定の方針を決める
[5] 新製品を決定する〔(1) 対象とするシステム分野を選定する、(2) 新製品を選定する〕
[6] ダントツ製品の課題を見極める
[7] 真のニーズからダントツ性能を見いだす
[8] ベンチマークからダントツコストを決める
[9] ダントツ性能のネック技術のめどを付ける
[10] ダントツコストのネック技術のめどを付ける

この事例では多くの手法やマネジメントを含んでいた。

① 新製品開発は、システムの変革期を見据えて取り組まねばならない
② 設計者1人当たりの売り上げは、アウトソーシングの判断基準となる
③ 新製品を選ぶには、まず今までの開発の「取り組みの問題点」を見いだす手法に「成功例との比較」がある
④ 今までの開発の問題点に対する「管理上の原因」を明らかにする手法に「なぜなぜ分析」が有効

⑤ 上位システムの市場規模や将来性は、できるだけ「定量的」に把握する。情報収集は、専門分野以外でも足で稼ぐ取り組みが必要
⑥ システムを構成するコンポーネント（製品）の市場規模を「定量的」に予測する手法は「ロードマップ」を描く
⑦ 競合メーカー製品の弱点を把握する手法は「ワールドワイドなベンチマーク」
⑧ 競合製品の弱点から、ダントツ製品の「開発方針」を見いだす手法は、「なぜなぜ分析」が有効。弱点につながる「管理上の原因」を見いだす
⑨「システム技術者」として「真のニーズ」を見極める手法は「クロスファンクショナルチーム活動」
⑩「時間軸を取り込んだコスト目標値」を設定する手法は「コストカーブ」
⑪「阻害要因」を抽出し、打破する因子を決める手法はクロスファンクショナルチーム活動で、必要な技術を導入する「ワールドワイドに技術を調査」する

6. ダントツ製品を目指した事例

ここからは、ダントツ製品を目指した取り組み事例を紹介しましょう。**コスト半減**の事例と**ダントツスピード開発**の事例の2つです。

6.1 コスト半減の事例：ダントツ製品は身近にある

コイン1、2枚で済む安価でシンプルな製品でも、コストを1/2に削減できるという事例です。具体的には、かつて筆者が担当した、エンジンへの吸入空気の温度を測定する吸気温センサーの開発です。

当時、このセンサーは世界で複数の会社が生産していましたが、市場のすみ分けがあり、生産量は安定していました。ところが、1990年代に

入ると円高が急速に進み、価格破壊が起きました。海外企業が安値攻勢を仕掛けてきたのです。クルマの生産台数の増加とともに、吸気温センサーの需要は右肩上がりが見込まれていました。にもかかわらず、この価格破壊の影響を受けて社内では撤退が議論されました。これに対し、筆者は成り行きに任せるのではなく、この窮状を乗り切るべくダントツコストを掲げて開発をスタートさせました。その活動プロセスは次の通りです（図3-30）。

ステップ		実施内容
1	ワールドワイドな他社製品調査	構造の差を調査する
2	ダントツ目標値設定	目標コストを1/2に設定する
3	目標達成方針	部品点数を1/2以下にし、手組みをやめて全自動組み付けができる構造とする
4	ネック技術抽出	サーミスター（温度検出素子）とターミナル接合部のはんだに加わる応力の安全率を確保する
5	ネック技術のめど付け	樹脂流れ解析と熱伝導解析による理論付け、および試作品による試験実験検証を組み合わせる。これを、クロスファンクショナルチーム（CFT）活動で乗り切る

図3-30●吸気温センサーのコスト半減プロセス
（出所：ワールドテック）

全自動化組み付けへの取り組み

まず、**他社製品の調査**により、吸気温センサーの基本構造は各社で同じであることが分かりました。次の通りです。

・サーミスターとリード線を接合している。
・リード線とターミナルを接続してターミナルサブアセンブリーにしている。

・ターミナルサブアセンブリーと樹脂コネクター部品を組み付けてコネクターサブアセンブリーにしている。

・コネクターサブアセンブリーと樹脂ケースを組み付けている。

この基本構造は、自動化による組み付けに向きません。例えば、リード線が細くて剛性が低い点や、コーティングのようなバッチ処理を要する点です。そこで、私は**全自動化を目指した基本構造**の検討を開始しました（図 3-31）。

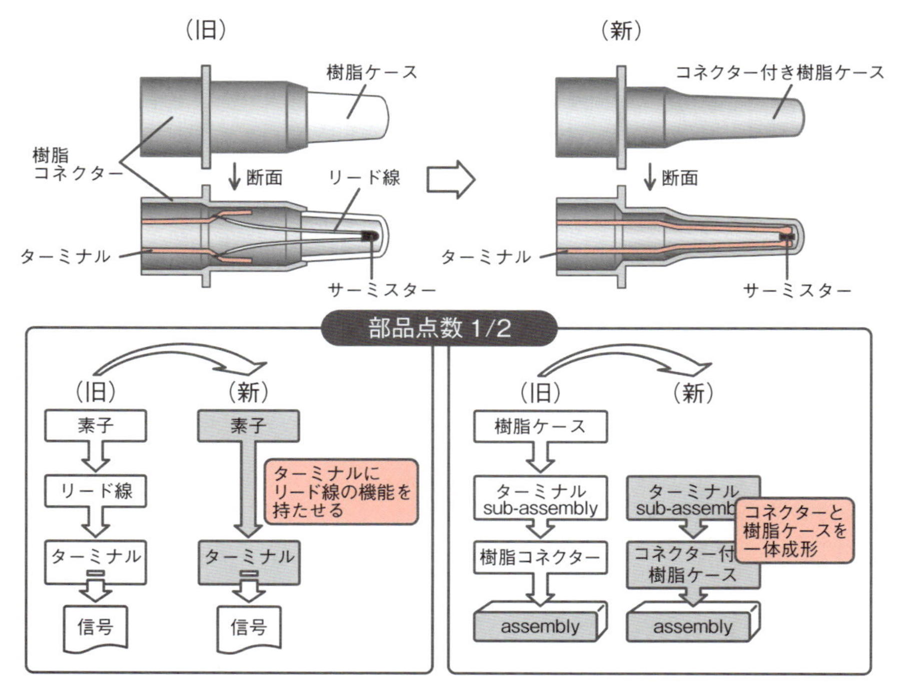

図 3-31 ●常識にとらわれない発想で部品点数 1/2
（出所：ワールドテック）

まず、リード線の剛性アップは **VE**（Value Engineering；価値工学）

で対応しました。リード線とターミナルは別部品というのが**常識**でした。これら2つの部品に求められる機能は、サーミスターの信号伝達でした。そこで、この機能に着目し、**ターミナルにリード線の役割を持たせる**設計にしました。リード線を廃止したのです。ターミナルを長くし、その先端にサーミスターをはんだで接合する手法を取りました。リード線をなくすことで剛性が向上し、全自動化に大きく前進したのです。

信号の取り出しはリード線ありきという「常識」を覆したのです。

部門横断チームでネック技術を突破

もう1つ常識にとらわれない設計に挑戦しました。前述の方法で剛性を確保したターミナルアセンブリーをインサート成形で一発成形することにしたのです。

従来は、まずサーミスターを入れる樹脂ケースを造り、続いてこのケースにサブアセンブリーを組み付ける方法を取っていました。筆者は発想を転換し、樹脂成形の金型にサブアセンブリーをセットして、樹脂ケースとコネクターを1回の樹脂成形で造る方法（**インサート成形**）に変えました。さらに、この工程をインライン化することで全自動ラインを実現したのです。

しかし、ネック技術がありました。樹脂成形時に、高温になる溶融樹脂からサーミスターとターミナルの**はんだ接合部に加わる熱と応力への対応**です。特に、はんだは応力に弱いため、はんだで強度を持たせる設計は避けなければなりません。また、強度を持たせない設計でも、はんだに加わる応力には安全率をしっかりと見極める必要があります。こうした高温の溶融樹脂の中ではなおさらでした。

このネック技術への対応は、専門部署と**クロスファンクショナルチーム**を組んで取り組みました。メンバーは、はんだや樹脂成形、樹脂成形の流れ解析、熱解析の各専門家と、量産工程の生産技術者、試作部の技術者などでした。こうしたさまざまな分野の専門家から成るクロスファンクショナルチームで、当時最新の樹脂成形の流れ解析を導入。成形時にはんだ接合部へ加わる熱と応力のシミュレーション解析を行いました。具体的には、接合部位の応力を低減できる形状やはんだ材料を検討し、シミュレーション解析で絞り込んだ後、試作品を作って検証しています。その結果、インサート成形に耐えるはんだ接合部の設計を見極めることができました（図3-32）。

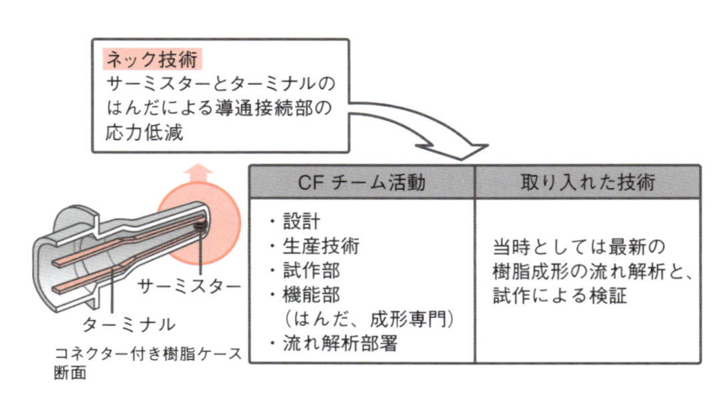

図3-32●クロスファンクショナルチーム活動で新技術を取り入れる
（出所：ワールドテック）

こうして吸気温センサーの全自動化を実現し、ダントツコストの目標であるコスト半減を達成したのです。

吸気温センサーは部品点数が少ないシンプルな製品です。それでも常識にとらわれずにチャレンジすれば、大きな効果を生み出せるのです。常識を疑い、思いを込めて一歩踏み出す。これが大切です。そうすればダントツ製品に近づきます。

6.2 ダントツのスピードで開発した事例

一方、**ダントツスピード開発**の事例は、誰もできないと思うほどのダントツの短期間で新製品を開発した事例です。具体的には、アンチロック・ブレーキシステム（Anti-lock Brake System；ABS）です。実際に手掛けた開発設計者から情報を得ました。

きっかけは、自動車メーカーからの開発の打診でした。その開発設計者の会社はブレーキ分野を手掛けていなかったのですが、ちょうど新分野開拓を模索していたタイミングでもあり、ABSの開発をスタートさせました。

最大の課題は、開発期間が極めて短かったことでした。搭載予定の車両のラインオフまでわずか1年半しかなかったのです。にもかかわらず、開発環境は全く整っていない。技術も知見もノウハウもない。人もおらず、開発要員は数人のみ。まさに“ないない尽くし”でした。

先行開発に必要な7つの設計力要素（第3章4；p.82参照）に照らし合わせると、第2の技術的な知見やノウハウと、第3の各種ツール、第4の人と組織の3つがなかったか、もしくは不十分でした。従って、これらの設計力要素を大至急整備しなければならなかったのです。

そこで、これらの技術力要素を確保するためにまず打った手は、当時世界のトップだった企業との技術提携でした。第2の設計力要素である技術的な知見やノウハウを得るためです。技術を導入する前に、その企業の製品の性能や構造などを徹底的に調査しました。これにより、導入する技術情報の詳細な理解が迅速に進みました。

加えて、早急に技術力を高めるために、顧客である自動車メーカーとの間で技術者の相互派遣を行いました。顧客側に技術者を送り込むだけではなく、顧客から技術者を受け入れたのです。これにより、顧客は電子制御技術をより深く理解でき、自社の担当チームはブレーキの基礎情報をより深く理解できました。結果、急激に技術力が向上しました。

しかも、リアルタイムで意見交換することも可能になりました。職場で時間をかけて報告書を作成し、顧客へ報告。顧客から出された宿題を持ち帰り、その検討結果をまた報告するという、通常のサイクルを回す手間が省けて開発スピードが向上しました。情報の伝達と課題への対応のスピードが大いに増し、技術力が急上昇したのです。

続いて、第3の設計力要素である各種ツールです。実験室については社内の古い建屋で空いている部屋を何とか確保しました。問題は評価設備でした。評価設備には資金も必要ですが、最大のネックは製作期間でした。評価設備は、仕様を決めてから手配して設置するのに時間がかかります。簡単なものでも半年ぐらいかかるのは珍しくありません。量産までに1年半しかない切迫した状況では、半年でも論外でした。

この問題を乗り越えるために、評価設備の手配を省略できる方法を考案しました。実車を活用したのです。それまで、エンジンベンチでの評価はあったのですが、実車を使って自動車部品を評価したことはなかったのですが、常識にとらわれずに、実車を評価設備と位置付けたのです。

効果はてきめんでした。実車で評価すると、ユーザーの立場での評価やクルマとしてのニーズが把握でき、設計目標値を明確な根拠を持って決めることが可能となりました。もちろん、クルマ（評価設備）は短期間で手に入るし、かつ専用設備よりも安い。全てにおいて有益な方法になりました。

第4の設計力要素の人と組織については、開発のスタート時は数人で、人的パワーの強化が急務でした。そこで、まず会社のトップに「安全分野こそ今後成長が見込める」ということを理解してもらう活動を行いました。その結果、トップが開発メンバーに直接声を掛ける機会が増えたのです。すると、何といってもメンバーのモチベーションが高まりました。これが開発の効率化とスピードアップに効果大でした。開発要員も順次増強でき、開発体制の確保も急ピッチで進みました。

技術・情報の伝達スピード、開発体制の早期構築により、ダントツの開発スピードを実現し、顧客満足を勝ち得たのです（図 3-33）。

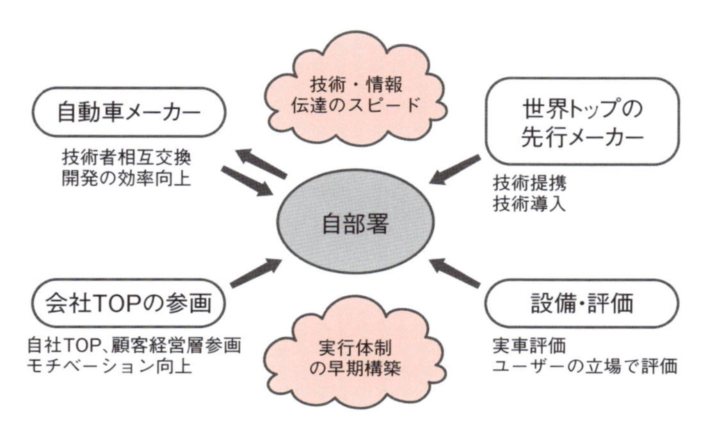

図 3-33 ●ダントツのスピード開発を実現した取り組み
（出所：ワールドテック）

point ▶ ダントツ製品を目指した事例まとめ

部品点数が少ないシンプルな製品でもダントツを狙うことができる。今取り組んでいる仕事でも少し発想を変えれば、世界でまだ誰も実現していないことが見つかるはず。例えば、開発期間で他社を圧倒すれば、それもダントツとなる。この場合、技術と情報の伝達スピードの向上や、開発体制の早期構築が鍵を握る。常識を疑い、思いを込めて一歩踏み出すことが大切だ。

第4章

品質“120%”を達成する量産設計段階の取り組み

第4章 品質"120%"を達成する量産設計段階の取り組み

第3章では他社を圧倒する設計目標値「ダントツ目標値」を実現する「先行開発」の取り組みについて解説しました。開発する製品のダントツ目標値を設定し、その目標値を実現するために必要なネック技術のめどを付けて、競合企業への優位性を確保したのです。しかし、まだ市場には出せません。第2章で取り上げた通り、続く量産設計で、開発する製品の品質を市場に耐えるレベルへ高めなければならないからです。

市場に耐えるレベルとは、「設計要因の**市場クレーム**ゼロ[*1]」「納入不良ゼロ」「工程内不良ゼロ」を目指すことを意味します。すなわち、100万個造っても1個たりとも不具合を出さない量産設計段階の取り組みを実施する必要があるのです。第4章では、この**量産設計**における取り組みを解説します。

＊1　市場クレームゼロはX年×Y万kmで人命に関わる重致命故障がゼロで、他の故障は目標故障率（○ppm）以下となる目標設定を意味する。

1. 品質不具合は古くて新しい課題

品質不具合は、古くて新しい課題です。では、品質不具合は年々減っているのでしょうか。自動車部品を例に品質について考えていきましょう。

1.1 自動車部品は環境のストレスが厳しい

自動車部品の使用環境は実に厳しいといえます。北極圏のような極寒の地や灼熱の砂漠のような酷暑の地、道路が冠水して川を渡るかのような環境になる場合もあります。クルマは多様な環境にさらされ、さまざまな**ストレス**が加わります。筆者の経験ではエンジンルームが120℃の、トランスミッション（変速機）の内部は150℃の環境になりました。振動もパワートレーン系では294m/sec^{2}くらいを想定しなければなりません。他にも融雪塩による塩害や電気ノイズ、電磁両立性（EMC）など、クルマの使用環境は常に過酷です。

筆者の経験上、100℃を超えると10℃上がるごとに設計は2乗、3乗と急カーブを描いて難しくなります（図4-1）。

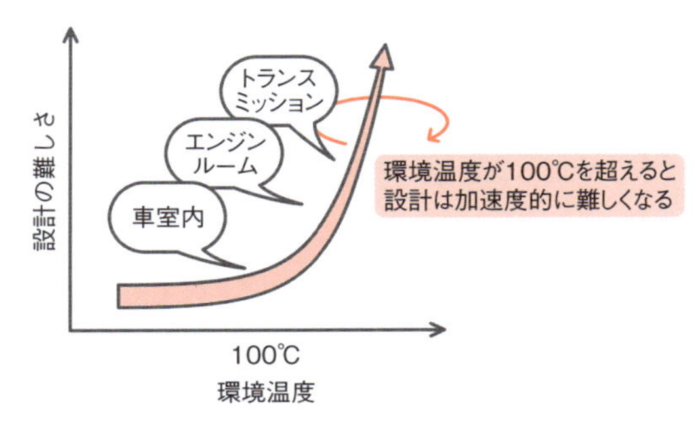

図4-1●環境温度と設計の難しさ
（出所：ワールドテック）

ストレスは強さだけではなく、時間軸も考慮しなければなりません。累積ストレスです。20年経っても市場で走っているクルマもあります。厳しい環境に長期間さらされるのです[*2]。自動車部品は**累積ストレス**が過酷であるために開発設計が難しいのです。

市場での故障を未然に防ぐため、試作品と量産試作品で環境を模擬したさまざまな評価を行います*3。これは加速試験*4です。**加速試験**では、市場環境と相関が高い試験条件を設定しなければなりません。しかし、相関を高めることは簡単ではなく、試験条件は少しずつ進化してきました*5。

第2章で紹介した雨滴感応ワイパーシステム（AWS）のレインセンサーの評価では雨を求めて各地を走りましたが、最近では降雨状態を再現する試験室があります。これからは、今以上に市場環境との相関を高めるため、評価設備も高度化していくことでしょう。

さまざまな評価を行い、事前に問題点を洗い出して、市場で品質不具合が起こらないように取り組みます。狙いは重致命故障がゼロ、他の故障はX年×Y万kmで目標故障率（○ppm）以下を達成することです。ところが、そうした懸命な努力にもかかわらず、品質不具合はなくなりません。製造業には品質不具合から逃れられないという現実があります。

＊2　市場を考慮し、自動車部品の場合は設計目標値を長くする。最近では「20年×30万km」という声も出てきた。

＊3　量産ラインが整備されると、生産開始前に製品を造って出来栄えを評価する。これを量産試作という。

＊4　開発設計では「市場に勝る評価はない」といわれる。しかし、例えば「20年×30万km」といった設計目標期間をそのまま評価してから製品を市場に出すのは現実的ではない。従って、市場環境と高い相関があると想定した試験条件で評価する。これが加速試験である。

＊5　例えば、冷熱サイクルは過去から10×1乗、10×2乗、10×3乗と見直され、振動試験も単純な正弦波振動から温度と湿度、ランダム振動の組み合わせなどへと進化してきた。

1.2 リコールで会社が傾く

では、品質不具合の現状はどのようになっているのでしょうか。品質不具合には3つの発生段階があります。[1] 自社の工程で起こる工程内不良、[2] 納入先で発見される納入不良、[3] エンドユーザーからの苦情や市場クレームです。どの段階で発生した品質不具合であっても後始末は大変です。中でも、市場クレームは不特定多数の使用環境下で起こるため、対応が難しくなります。市場クレームの中でも絶対に起こしてはいけないのは、緊急交換（**リコール**＊6）です。

リコールを起こすと、会社や職場に与える影響は計り知れないものがあります。特に大きな影響を与える可能性があるものは2つあります。1つは、膨大な対策費用がかかる危険性です。リコールの対象台数にもよりますが、品質不具合が起こる可能性があるロットは全て対策済み品に交換しなければなりません。対象台数によって数百億円がかかることも珍しくはありません。「対象部品数が1億個で対策費用は1兆円」と報じられた例もあります。対策費用は、自動車メーカーと部品メーカーが責任割合に応じて分担します。部品メーカーでも専門部品メーカーと位置付けられると責任割合は大きくなります。部品メーカーが対策費用を負担しきれない場合も出てくるでしょう。リコールを起こすと会社が傾くことさえあり得るのです。

もう1つの大きな影響は、リコールを出した部署が疲弊してしまうことです。設計要因のリコールを起こすと、その設計部署が対策を打たなければなりません。対策を打つまでに設計部署が行う施策は、品質不具合現象の特定から暫定対策、不具合の再現、真の原因の把握、本対策などと多岐にわたります。

中でも大変なのは、**真の原因**の把握です。品質不具合の原因を特定するには、市場で起きた品質不具合を再現しなければならないのですが、簡単にできるとは限りません。市場で発生した状況を踏まえて原因の仮説を立て、評価条件を決めます。再現試験です。しかし、品質不具合をすぐに再現できるとは限りません。数カ月を要する場合もあります。

品質不具合を再現して原因を特定すれば、本対策案が決まります。本対策案が決まればそれを反映したものを作り、品質不具合を再現した条件で評価します。こうして品質不具合が起こらないことを検証できれば、やっと、**本対策**の設計変更ができます。

このように、本対策の設計変更は手順を踏まなければならず時間を要します。もちろん、その間は、暫定対策品を出荷します。例えば、特性の選別です。恐ろしいことに、生産現場には出荷できなかった製品が日々積もって山を成します。設計現場は疲れたという言い訳ができない状況に追い込まれていきます。

＊6 リコール（制度） 設計・製造過程に問題があって安全・環境に適合していない（もしくは、適合しなくなる恐れがある）場合、自動車メーカーが自らの判断により、国土交通大臣に事前届出を行った上で回収・修理を行い、事故やトラブルを未然に防止する制度。具体的には、重致命故障や排出ガス規制違反、燃費規制違反などが対象となる。

1.3 技術だけではリコールは減らない

図4-2は国土交通省へのリコールの届け出件数の推移です。このグラフからは、リコールの届け出件数は10年前も今も変わらず、毎年200～300件で推移していることが分かります。

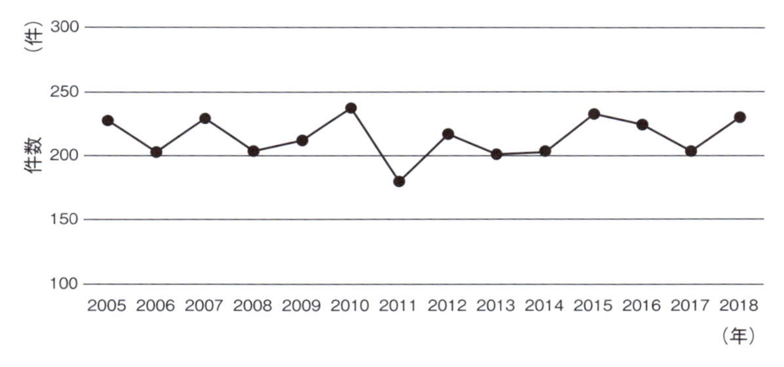

図4-2●自動車（国産車）のリコール届出件数
（国土交通省の資料を基にワールドテックが作成）

技術の進化は著しいのに、リコール件数が横ばいを維持していることを不思議に感じる人もいるのではないでしょうか。技術の高度さといえば、例えば、小惑星探査機「はやぶさ2」では、火星の近くにある直径がわずか900mの岩の塊に、3億kmの距離を3年半かけて到達し、岩石を採取するプロジェクトが進んでいます。2020年後半には地球にその岩石を持ち帰る計画です。このように、今や科学技術の進化は目覚ましく、ものづくりの分野ではもはやできないことはないのではないかと思えるほどです。

にもかかわらず、リコール件数は一向に減る傾向が見えません。日本を代表する産業である自動車の**品質レベル**を示す指標が、何年たっても下がらないのです。開発ツールも生産技術も各種の要素技術も進化し、機能や強度を飛躍的に高めた材料も次々と開発されてきました。それなのに、リコールは減らないのです。

筆者は仕事柄、多くの企業に接します。その中で感じることは、現在の品質指標は10年前と比べて思うほど改善されておらず、工程内不良や納入不良、市場クレームが減っていない、ということです。もちろん、それぞれの企業は、新たな技術を取り入れ、手掛ける製品や部品の高機能・複雑化、高付加価値化を実現してきました。決して「十年一日の如し」という事態に陥らないように、たゆまぬ努力が行われています。しかし、品質不具合の悩みは10年前と変わっていないのです。

この現実は重要なことを示唆しています。それは、技術が進化すれば品質不具合は減るかというと、必ずしもそうではないということです。品質不具合を減らすには技術を高めればよいという主張は誤解であり錯覚であるといえるでしょう。技術は品質不具合を減らす**必要条件**ですが、**十分条件**ではないということです。

その十分条件のありようを取り上げるのがこの第4章です。

point ▶ 品質不具合を減らす上で、技術は必要条件だが十分条件ではない。

1.4 品質不具合は設計段階の原因が多い

図4-3は自動車のリコールの原因を、設計原因と製造原因に分けて

表示したものです。このグラフを見ると、ほぼ毎年、設計原因が製造原因の2倍前後で推移していることが分かります。クルマのリコールは設計原因が圧倒的に多いのです。

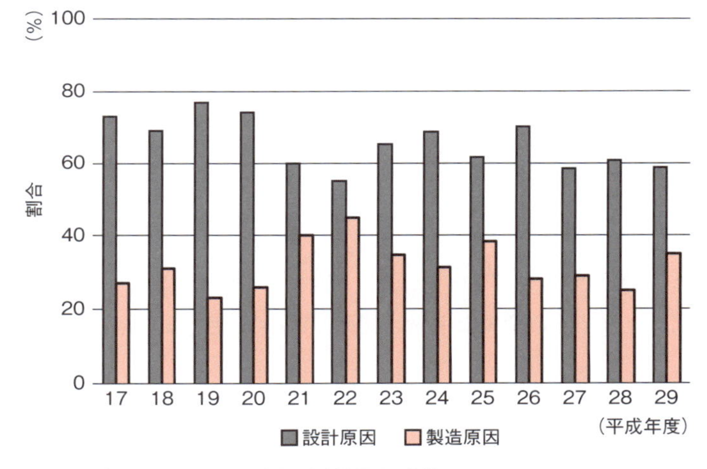

図 4-3 ● 自動車リコールの設計原因と製造原因の比較
(国土交通省の資料を基にワールドテックが作成)

企業も設計原因が製造原因よりも多いと気付いているのですが、なぜ設計原因の方が多いのかは、企業の置かれた状況でさまざまです。それでも、次のような見方ができます。

設計段階や製造段階に従事する人は、共に懸命に仕事をしていても、結果として設計段階の不具合が多くなっています。リコールが10数年間変わることなく、設計原因が製造原因の2倍前後ということは、設計段階の取り組みがものづくりの大きな役割を担っている、従って、品質不具合も多くなると考えるのが自然でしょう。

しかし、品質不具合は減らさなければなりません。量産設計段階の取り組みを強化しなければならないのです。

point ▶ 品質不具合は一般に設計段階の原因が多いため、量産設計段階の取り組みを強化しなければならない。

2. 品質不具合を減らすには、同じ失敗を繰り返さないこと

品質不具合を起こした企業に、その品質不具合が「同じ原因の失敗を繰り返して起きた品質不具合（またやってしまった）」と「経験したことのない原因で起きた品質不具合（こんな故障は初めてだ）」のどちらかと聞くと、多くの企業が前者（同じ原因の失敗を繰り返して起きた品質不具合）だと答えます。歴史ある企業ほどその傾向が強いといえます。しかも、品質不具合を起こして大変な思いをしたはずなのに、意外なことに品質不具合の件数を減らす取り組みはシンプルです。

品質不具合の発生を防ぐ最も効果的な方法は、過去を振り返ることです。ただし、実は過去を振り返るのは簡単なことではありません。

品質不具合が起きると、その直後は当然マイナスの印象を受けます。しかし、大きな品質不具合であっても、発生から３年、５年と時間がたつにつれて、マイナスに感じていた印象は薄れていきます。しかも、品質不具合を起こしたのが隣の部署や他の事業部、グループ会社と、自分の職場との距離が遠くなるほどマイナスの印象はますます薄れていきます。時間が経過し、かつ直接関係のない部署の品質不具合となると、どんなに大きな品質不具合でも頭の片隅に埋もれていってしまうのです。

創業年数の長い企業は、過去の失敗事例が歴史の長さの分だけあるは

ずです。何もしなければ、その多くの品質不具合は歴史の中に埋もれていきます。そうした状況では以前と同じ原因の不具合を起こしてしまいます。

もちろん、企業は失敗の経験を忘れないように仕組みを工夫しています。失敗事例のデータベース化や勉強会などです（この仕組みは第4章4.2.［2］；p.191で取り上げます）。しかし、こうして過去の失敗の知見を得ても、同じ失敗を防ぐのは簡単ではありません。なぜかといえば、過去の品質不具合の事例から得た知見が、今取り組んでいる設計のどこに関係するかが分かりにくいからです。

つまり、過去の知見を今の設計に関連付けることが難しいのです。過去の品質不具合から知見を得ることと、今の設計にその知見を生かすこととはイコールではないということです［Example 1］。

Example 1　10年ほど前、自動車のアクセルペダルが戻りにくくなるというリコールがあった。アクセルペダルの部位には、踏み込むと重たくなる（より強い踏み込み力が必要となる）構造を採用していた（図4-A）。ペダルを踏み込むほど部品の凸部が凹部に入り込んで抵抗が増え、ペダルから足を離すと凸部が凹部から抜ける仕組みだ。ところが、ある時、抜けにくくなったのである。なぜ抜けにくくなったのか。凸部と凹部の両部品の材料は樹脂だった。ペダルを踏むたびに凸部と凹部の互いに接する面がこすれ、磨かれていく。そして、その磨かれた互いに接する面の間に結露水が付着。この結露水が磨かれた2つの面の間で水幕となり、抜けるときの抵抗が増えた。すなわち、水の表面張力でアクセルペダルが戻りにくくなったのだ。ガラスの面に水滴を落とし、もう1枚ガラスを重ねると水幕が広がりガラスが離れにくくなる。この経験を生かせなかったのだ。このリコールは鏡面と水滴が組み合わさると抵抗が増えるという知見を、設計に関連付けできなかったという見方ができるだろう。

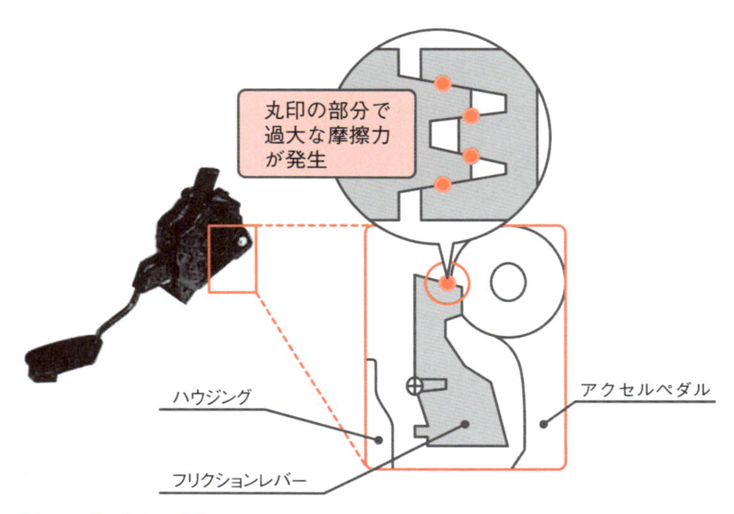

図 4-A ● アクセルペダルのリコール
〔『不具合連鎖』（日経 BP）を基にワールドテックが作成〕

製品が異なって故障現象が違っていても、原因は同じである場合が多々あります。しかし、製品が異なって故障現象が違うと、今手掛けている設計に過去の故障経験から得た知見を結び付けることは難しくなります。

point ▶ 過去の品質不具合から知見を得たとしても、その知見を、今取り組んでいる設計に関連付けることは難しい。

3. FMEAの限界

品質管理の手法に**FMEA**（Failure Mode and Effect Analysis；故障モード影響解析）があります。これは品質不具合を未然に防止するために使うツールです*7。

では、このツールを使うと、先の［Example 1］で取り上げたアクセルペダルの品質不具合を防げるでしょうか。防ぐにはFMEAの帳票に以下のようなことを書けなければなりません。

・対象部品欄：凸部と凹部がかみ合う部位*8。
・故障モード：凹部と凸部のかみ合わせ部位が動きにくくなる。
・故障の原因：凹部と凸部のかみ合わせ面が互いにこすれることで磨かれ、磨かれた面の間に結露水などの水滴が付着すると、水幕の表面張力で抵抗が増える。
・設計処置：例えば水幕による抵抗増加分は最大○N（ニュートン）、他の要因（変形など）の増加分は△Nのため、合計した（○＋△）Nでも動くように□□機能を設定。安全率αを確保する。

現実には、原因欄に異物のかみ込みや摩耗粉のかみ込み、変形、温度による膨張、寸法不良などは記載できます。しかし、結露水に関して書き込むことは簡単ではありません*9。原因欄に結露水について記載できないと、設計処置欄に結露水の影響への設計処置について埋めることはできません。そのため、結露水による不具合への設計処置を盛り込まないまま製品を市場に出すことになります。

このように、FMEAの帳票を書く作業だけでは、過去の経験や失敗の知見を思い出すことは難しいといえます。ましてや、その知見を今の設計に関連付けることはさらにハードルが高いのです。これがFMEAの限界です。FMEAは気付いていることを整理したり、ぼんやりしている知見を書くことで明確にしたりする点では有効な手段です。しかし、忘れていることを思い出したり、思い出しても今の設計に関連付けたりすることは、あまり期待できません。

ではどうするか。これは、1つや2つのツールで解決できるものではありません。個人や職場の総合力が必要になってきます。

＊7　FMEAの帳票（ワークシート）を図4-Bに示す。記入欄は、左から①対象部品（部位）、②変更点、③機能（役割）、④故障モード（故障の状態）、⑤顧客への影響、⑥故障の原因、⑦発生度、⑧設計処置、など。未然防止の議論の対象が製品（組み立て品）の場合、全ての構成部品名（部位）を部品欄に記載した後、それぞれの部品の故障モードなどの欄を左から右へ順に埋める。故障モードや故障原因、設計処置を抜けなく記載できるかがポイント。

FMEA WORK SHEET

製品名	
品　番	

作成者：　参加メンバー：　No.：
作成日：
修正日：

No.	構成部品名 1	変更点と変更内容 2	部品の機能 3	変更がもたらす機能障害、商品性の欠如（故障モード） 4	障害が及ぼす影響 5		機能障害、商品性の欠如をもたらす要因（故障原因） 6	発生頻度 7	重要度	設計への反映（設計的対策手段） 8			評価への反映・品質確認			
					システム	車両					期限	担当	必要な評価・確認項目	重要度	期限	担当

FMEA帳をただ書くだけでは不具合はなくならない

図4-B ●FMEAの帳票
（出所：ワールドテック）

＊8　部品と部品の接合部や接する部位も部品として扱うことがポイント。

＊9　筆者はこれまでに1000人以上の技術者に、このアクセルペダルの品質不具合の原因について質問してきた。だが、結露水と回答した人にはまだ会っていない。

point ▶ FMEAは気付いていることや知っていることは記入できる。だが、気が付かないことや知らないことを記入するのは難しい。これがFMEAの限界といえる。

4. 量産設計の7つの設計力要素

量産設計段階は顧客の信頼を得る活動であり、設計要因の「工程内不良がゼロ」と「納入不良がゼロ」、「市場クレーム率は目標値以下（重致命故障ゼロ）」を達成（以下、「**品質“120%”**を達成」と表現）する取り組みでした。前節でこの取り組みは、1つや2つのツールで解決できるものではなく、個人や職場の総合力が必要であると述べました。その総合力が、この節で取り上げる**量産設計段階の設計力**です。

4.1 設計力の前提条件

第3章4.1（p.82）で仕事のアウトプットのレベルを高める**前提条件**を取り上げました[＊10]。その前提条件は全ての仕事に共通するものでした。

前提条件がそろえば、品質不具合を含まないアウトプットを得られる可能性が高まります。この前提条件に量産設計の取り組みを当てはめたものが、量産設計段階の設計力です。

具体的には、**品質“120%”**の達成が目標です。仕事の手順は、量産設計プロセスです。良い環境は、技術的な知見やノウハウ、量産設計に必要な各種ツール、人と組織であり、判断基準は、設計基準、評価条件などです。議論はデザインレビュー（DR、設計審査）であり、決裁は決裁会議です。

＊10　前提条件は「V」字形モデルで表した（第３章図3-10）。
・仕事の「目標」が明確であること。
・目標を達成する「仕事の手順」が決まっていること。
・手順に従って作業する「良い職場環境」があること（仕事の手順が決まっていて、良い環境があれば、おのずと良い結果とアウトプットを期待できる）。
・そのアウトプットが正しいかどうかを判断する「判断基準」があること。
・アウトプットと判断基準を比較し、「検討・議論、審議・決裁」する場があること（すぐに正しいと判断できないと、上司から説明を求められたり、意見交換や議論をしたりすることになる。納得してもらえれば決裁となる）。

前提条件を踏まえた量産設計段階の設計力

量産設計段階の設計力は次の７つの要素（7つの設計力要素）で構成されます。

①量産設計プロセス

②技術的な知見やノウハウ

③各種ツール

④人と組織

⑤判断基準

⑥デザインレビュー（DR）と決裁会議

⑦風土・土壌

①～⑥の６つの設計力要素に加えて、さらに量産設計を手を抜かずに取り組む職場の風土・土壌がなければなりません。これが⑦の設計力要

素となります（図 4-4）。

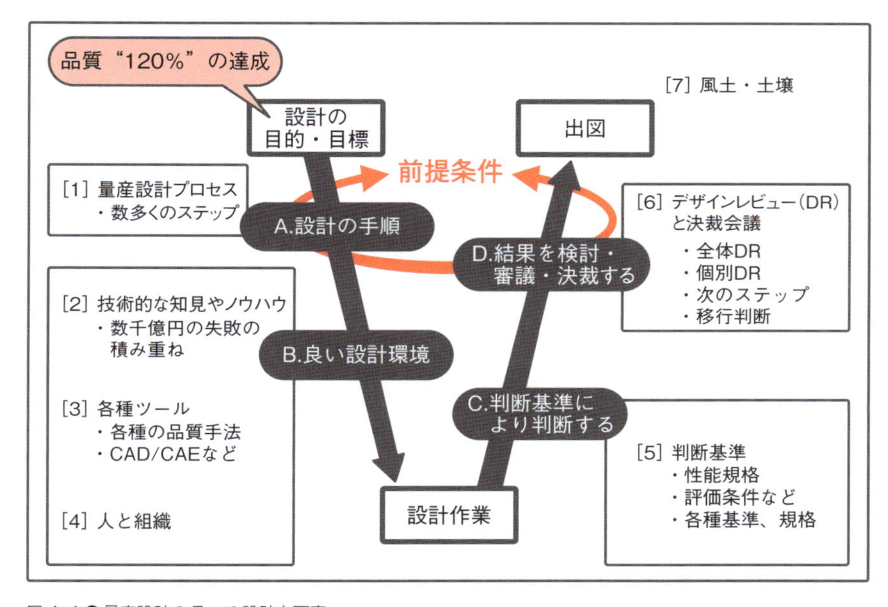

図 4-4●量産設計の 7 つの設計力要素
（出所：ワールドテック）

point ▶ 量産設計段階をやりきる設計力は 7 つの要素から構成される。

4.2 7 つの設計力要素

ここからは前項で示した量産設計における **7 つの設計力要素**を順に解説していきましょう。

[1] 量産設計プロセス（1 番目の設計力要素）

量産設計における 7 つの設計力要素のうち、1 番目は**量産設計プロセ**

スです。量産設計プロセスは、それを構成するステップが細かく決まっていなければなりません。なぜなら、担当者は実務をこなすことで精いっぱいで、各ステップやその順序を考えながらでは、ステップが抜けたり、順序を間違えたりする可能性が高まるからです。

ここでは、設計プロセスを設定し、実行する上で大切なことを4つ取り上げます。

(1) 量産設計プロセスは、基本プロセスと、サポートツールを使ったサポートプロセス、マネジメントプロセスから成る。
(2) 量産設計プロセスは、製品の管理ランクでメリハリをつける。
(3) 管理ランクの指定は重み（権威）がなければならない。
(4) 管理ランクで決まった量産設計プロセスは、新製品管理表でフォローする。

これらを順に解説していきましょう。

(1) 量産設計プロセスは3つのグループから成る

量産設計プロセスは40近くのステップから構成されており、各ステップは次の3つのグループに分類されています。

②第1グループ：量産設計ではなくてならない骨格となるステップ群（図4-5）
②第2グループ：第1グループの質を高めるステップ群（図4-6）
③第3グループ：第1グループと第2グループの活動の結果を検討、議論、審議、決裁するステップ群（図4-7）

それぞれのグループを構成するステップ群を以下に示します。

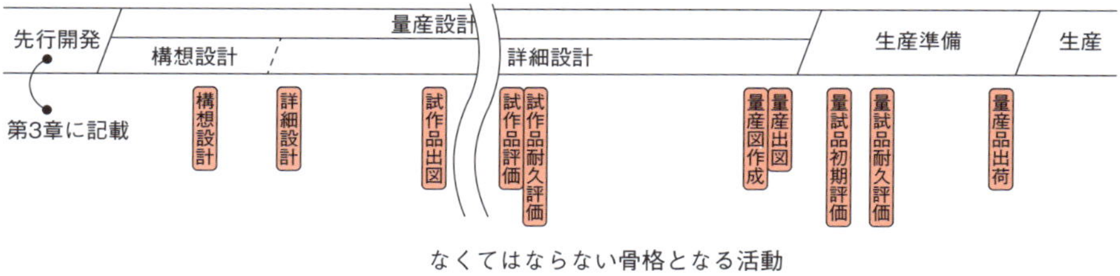

先行開発
量産設計
構想設計
詳細設計
生産準備
生産
第3章に記載
構想設計
詳細設計
試作品出図
試作品評価
試作品耐久評価
量産図作成
量産出図
量試品初期評価
量試品耐久評価
量産品出荷
なくてはならない骨格となる活動

図 4-5 ●量産設計プロセス 第 1 グループ
（出所：ワールドテック）

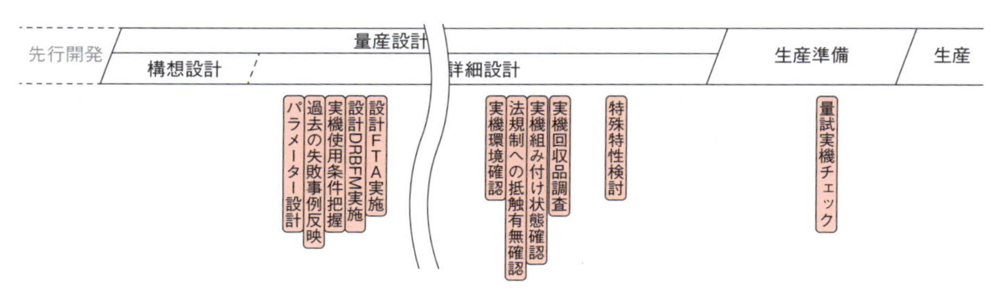

図 4-6 ●量産設計プロセス 第 2 グループ
（出所：ワールドテック）

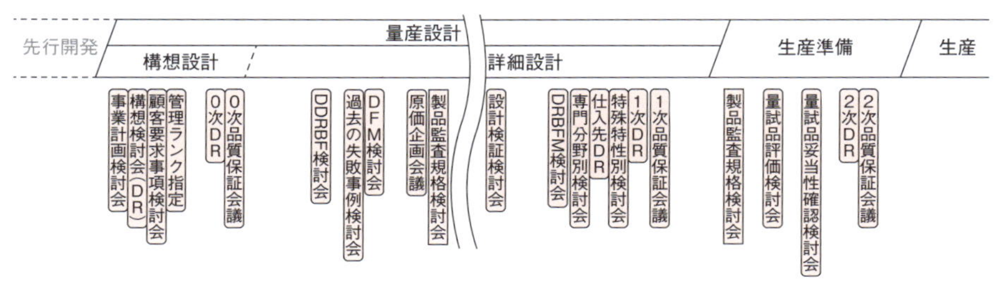

図 4-7 ●量産設計プロセス 第 3 グループ
（出所：ワールドテック）

第1グループ

第1グループは、量産設計ではなくてはならない骨格となるステップ群です。

①構想設計（第4章7.2；p.284参照）
②詳細設計（第4章7.3；p.285参照）
③試作図面作成
④試作品手配
⑤試作品評価（第4章7.5；p.290参照）
⑥量産図面作成（試作図面と量産図面の違いは第2章1；p.35参照）
⑦量産図面出図

第1グループは、量産図面を出すための**基本プロセス**です。構想設計で大まかな検討を行い、詳細設計で安全率や余裕度を定量的に明らかにした後、試作品で設計目標値を初期性能も耐久性能も共に達成していることを検証すれば、試作図面を量産図面に置き換えて次の工程へ送ります。

このように、第1グループだけで量産出図は可能です。しかし、経験的に、このプロセスだけで図面を出すと品質不具合が多くなり、品質“120％”の達成は遠のいて顧客の信頼を失うことになりかねません。

第2章で図面は情報の伝達手段であり、その情報に間違いがあってはならないと述べました。そのための取り組みが第2グループおよび第3グループです。

第2グループ

第2グループは、第1グループの質を高めるステップ群です。

①パラメーター設計

②過去の失敗事例の振り返り（第4章4.2.[2]；p.185参照）

③使用環境把握（第4章6.2.[1]；p.272参照）

④設計FMEAまたはDRBFM（Design Review Based on Failure Mode）（第5章3；p.302参照）

⑤設計FTA（Fault Tree Analysis；故障の木解析）（第4章7.4；p.288参照）

⑥法規制への抵触判断

⑦上位システムでの組み付け状態確認（第4章4.2.[6]；p.228参照）

⑧上位システム評価品回収調査

⑨特殊特性指定（第4章7.4；p.288参照）

第2グループは、第1グループの活動の質を高める、サポートツールを使った**サポートプロセス**です。パラメーター設計でロバスト性を高め、失敗を振り返ることで過去の経験を設計へ反映する。DRBFMで設計の処置の抜けを減らし、FTAで品質不具合のトップ（TOP）事象（発生してはならない事象）への設計処置を取って、特殊特性指定で図面の重点管理項目を決定します。さらに、劣化による品質不具合を防ぐため、市場環境のストレスを調査。納入先の組み付けで、他の部品と干渉していないことを確認します。このように、第1グループの活動を、

DRBFMなどさまざまなサポートツールを使って質を高める（サポートする）取り組みが第2グループなのです。

第3グループ

第3グループは、第1グループおよび第2グループの活動の結果を検討、議論、審議、決裁するステップ群です。

①・事業計画検討会

②○顧客要求事項決裁会議

③・構想検討会

④◇1次DR（デザインレビュー）

⑤◎1次決裁会議

⑥・過去トラ（トラブル）検討会

⑦・DFM（Design for Manufacturing；製造性考慮設計）検討会

⑧・DRBFM検討会

⑨○原価企画会議

⑩・製品監査規格検討会

⑪・専門分野検討会

⑫・設計検証検討会

⑬・仕入れ先DR

⑭・特殊特性検討会

⑮◇2次DR

⑯◎2次決裁会議

⑰・製品監査規格検討会

⑱・量試（量産試作）結果検討会

⑲・量試品妥当性確認検討会

⑳◇3次DR

㉑◎3次決裁会議

ここで、「・」は個別DRを、「◇」は節目DRを、「○」は個別決裁会議を、「◎」は節目決裁会議を示しています。なお、各DRと決裁会議は第4章4.2.[6]（p.219）で詳しく取り上げます。

第3グループは、第1グループと第2グループの活動結果を検討・議論、審議・決裁する**マネジメントプロセス**です。議論の場のはずが、気付けば決裁の場とならないように、議論と決裁を分けることが大切です。詳細は第4章4.2.[6]（p.219）で取り上げます。設計の大きな節目と、個々の設計作業の区切りがついた小さな節目で、議論と決裁の場を設けます。大きな節目では、構想設計から詳細設計に移行する段階で1次DRと決裁会議を組み合わせます。詳細設計が終わって量産図面を次の工程へ渡す出図の前に、2次DRと決裁会議を行います。3次DRは、量産試作から量産開始へ移行する段階で出荷可否について、DRと決裁会議を持ちます。

MEMO

なくてはならない基本プロセス、サポートプロセス、マネジメントプロセス

前項で量産設計プロセスは、3つのグループから構成されていました。基本プロセス、サポートツールを使ったサポートプロセスとマネジメントプロセスでした。設計プロセスが異なっても、この3つの組み合わせでなければなりません。

この3つのプロセスは、設計だけでなく、多くの仕事の基本です。通常、仕事はこのプロセスがなければアウトプットが出ない、骨格となる基本プロセス。基本プロセスの中身の質を高めるサポートツールを使った活動であるサポートプロセス。基本プロセスとサポートプロセスの成果を議論、決裁する場であるマネジメントプロセスの組み合わせです（図 4-C）。

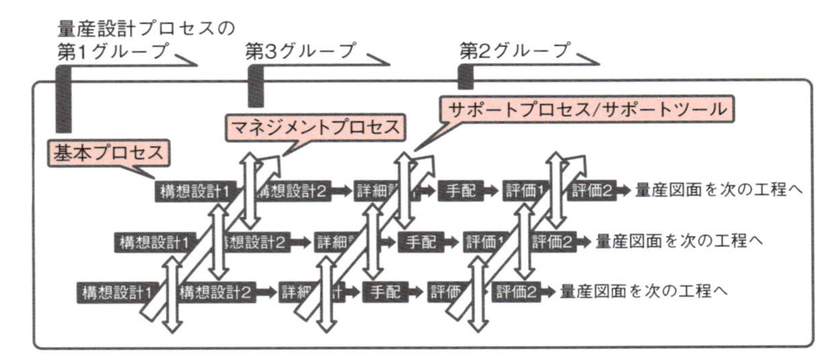

図 4-C ●基本・サポート・マネジメントの 3 つのプロセス
（出所：ワールドテック）

point ▶ 量産設計プロセスは、このプロセスがなければ出図ができない基本プロセスと、基本プロセスの活動の質を高めるサポートツールを使ったサポートプロセス、基本プロセスとサポートプロセスのアウトプットを議論・決裁するマネジメントプロセスから成る。

（2）製品の新規性で量産設計プロセスのメリハリをつける

前項で紹介した量産設計プロセスは、毎回全てのステップを行う必要はありません。設計する製品が品質不具合を起こす懸念の度合いに応じてメリハリをつけることが大切です。

前出の量産設計プロセスの全ステップをやりきるのは大変です。例えば、1 週間で 1 ステップをこなしても 1 年、手間取ると 2 年もの時間を要します。従って、全てのプロセスを必要とする製品とそうではない製品とを区別する管理ランクを設定しておくとよいでしょう。

①管理ランクを設定する

設計対象製品を、品質不具合を起こす懸念の度合いに応じてランク分けします。ランク分けは、製品そのものだけではなく、製品の置かれる環境や製造条件をも考慮して判断しなければなりません。

製品の新規性はそれほど高くはなくても、仕向け地が初めて海外になる、初めての納入先になるなど環境が大きく変わると品質不具合を出す可能性が高まります。生産数の桁が増えるなど製造条件が変わっても、品質不具合の可能性は高くなります。

製品と環境、製造の3つの要素を踏まえ、品質不具合を起こす心配度でランク（以下、**管理ランク**）分けを行います*11。「Sランク」「Aランク」「Bランク」「Cランク」の4段階があります。

新製品について管理ランク分けしたら、次にその管理ランクに応じて量産設計プロセスを全て行うか、一部のみとするかをルール化します。

＊11 4段階の管理ランクとした場合の判断基準の例を示す。
（i）Sランクの判断基準は以下の通り。
・環境：新規車両や重点車両、フルモデルチェンジ車、仕向け地が国内から海外、搭載場所が室内からエンジンに変化、新規納入先。
・製品：新方式、新構造、自社では初めての製品、変更レベルが極めて大きい*12。
・製造：新工法、生産数量が非常に大きい、設備投資額が高い（X億円を超える）。
（ii）Aランクの判断基準は以下の通り。
・環境：システム変更がSランクに次いで大、製品が他システムへ横展開（変化大）。
・製品：新規材料使用、機能・性能、構造変更、新規部品採用。
・生産：新規設備、生産工場の移転、Sランクに次いで生産数量が大きい。
（iii）Bランクの判断基準は、Aランクよりは変化レベルの小さいもの。

（iv）C ランクの判断基準は、環境の変化がなく、製品も製造も変更がわずかなもの。例えばネームプレートを廃止し、レーザー印字にするといった小変更。

＊12　車載製品の管理ランクを製品の変更規模、すなわち製品の新規性に置き換えた例。管理ランクにこの分類を該当させると以下のようになる。
S ランク：革新的な製品、次世代製品
A ランク：次世代製品、次期型製品
B ランク：次期型製品、類似製品
C ランク：類似製品
　なお、革新的な製品などの区分は次の通りである。
・革新的な製品：今までに世の中になかった製品。
・次世代製品：機能、性能、方式などが 2 ランクアップした製品。
・次期型製品：機能や性能向上、小型化、コストダウン製品。
・類似製品：車種展開などのための小変更の製品。

②管理ランクに合ったプロセスをルール化する

ここでは、前述の 4 つの管理ランクに合った量産設計プロセスを取り上げます。量産設計プロセスは、マネジメントプロセスとして複数の DR と決裁会議が設定されていました。これらの DR と決裁会議を管理ランクと組み合わせます。管理ランクにより、全ての DR と決裁会議を行うのか、それとも一部のみに限定するのかをルール化します。そうすれば、量産設計業務にメリハリがつきます。図 4-8 に管理ランクと節目の DR（節目 DR）と決裁会議の関係を示します。

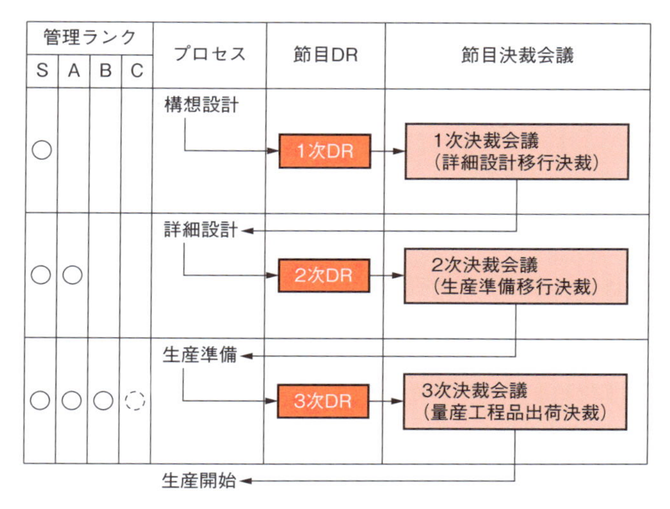

図 4-8 ● 管理ランクによる量産設計のプロセスの切り分け
(出所:ワールドテック)

S ランクは 1 次、2 次、3 次の節目 DR と決裁会議

管理ランクがSランクのマネジメントプロセスは次のようになります。

事業計画検討会→顧客要求事項決裁会議→構想検討会→ 1 次 DR → 1 次決裁会議→過去トラ検討会→ DFM 検討会→ DRBFM 検討会→原価企画会議→製品監査規格検討会→専門分野検討会→設計検証検討会→仕入れ先 DR →特殊特性検討会→ 2 次 DR → 2 次決裁会議→製品監査規格検討会→量試結果検討会→量試品妥当性確認結果検討会→仕入れ先 DR → 3 次 DR → 3 次決裁会議(→ 4 次 DR → 4 次品質保証会議)。

なお、4 次 DR と 4 次品質保障会議は生産開始以降に問題点を持ち越した場合に実施します。

A ランクは、2次、3次の節目 DR と決裁会議

管理ランクが A ランクのマネジメントプロセスは次のようになります。

顧客要求事項決裁会議→過去トラ検討会→ DFM 検討会→ DRBFM 検討会→原価企画会議→製品監査規格検討会（→専門分野検討会）→設計検証検討会→仕入れ先 DR →特殊特性検討会→ 2 次 DR → 2 次決裁会議→製品監査規格検討会→量試結果検討会→量試品妥当性確認結果検討会→仕入れ先 DR → 3 次 DR → 3 次決裁会議。

なお、専門分野検討会の実施要否は状況により判断します。

B ランクは、3次の節目 DR と決裁会議

管理ランクが B ランクのマネジメントプロセスは次の通りです。

顧客要求事項決裁会議→過去トラ検討会→ DFM 検討会→ DRBFM 検討会→製品監査規格検討会→設計検証検討会→特殊特性検討会→製品監査規格検討会→量試結果検討会→量試品妥当性確認結果検討会→仕入れ先 DR → 3 次 DR → 3 次決裁会議。

C ランクは、節目 DR と決裁会議は設定せず

管理ランクが C ランクの場合は書類審査とし、量産出図時に、設計変化点と設計処置、確認結果を図面に添付します。そして、量産品出荷時には品質規格書と初品検査結果、納入先組み付け工程立ち合いチェックを行います。このチェックのための表などを添付します（表 4-7；

p.237）*13。納入先で納入品がどのように組み付けられているかについて立ち合って確認することは、品質不具合を防ぐ上で大切な取り組みです。

*13 初めて量産される製品（初品）が納入先で組み付けられる状況を立ち合い確認する。納入品の扱いに問題はないかや、組み付け工具、組み付け工程でのストレス、他部品との干渉、組み付け作業中の落下の有無などを現地で確認する。確認結果は、指定の帳票にまとめて報告する［Example 2］。管理ランクの高い製品は、設計担当部署が確認するのが望ましい。

Example 2 クルマのラインで組み付けを待っていた。その部品は通函（かよいばこ；部品や製品を納入するときの箱）に入っていた。そろそろ組み付けが始まると思った時、作業者は通函の部品をバサッと開けた。部品は山積み。通函から1個ずつ丁寧に取り出すと思っていたが、そうではなかったのだ。理由は、箱の仕切りに隙間がなく、取り出しに余分な工数がかかるからだと判断した。「ええ？ 部品に傷が付くと性能に影響する可能性があってマズいのだが……」とは思ったものの、その場では言えない。すぐに帰社し、納入梱包仕様の見直しが必要であることを、関係部署へ報告した。

point ▶ 新製品の管理ランクは、製品と環境、製造の３つの要素を踏まえて管理ランクに合った量産設計プロセスをルール化する。

（3）管理ランク指定の仕組み

管理ランクを指定したら、そのランクで行うべき量産設計プロセスを抜けなく、飛ばすことなく実施しなければなりません*14。それには、管理ランクの指定に「権威」がなければなりません。そのためには、管理ランクを指定する仕組みが大切となります。

＊14 「設計プロセスは決まっているが、忙しくてプロセス通りにできない」という質問を筆者はしばしば受ける。時間が足りない場合はステップを飛ばす、もしく次のステップと一緒に行ってもよいかという質問だ。答えは二者択一。1つは、飛ばしてもいいし、次のステップと一緒にしてもよい。ただし、その場合は、設計要因の品質不具合が出る可能性が高まることを許容しなければならない。なぜなら、設計プロセスは、それまでの品質不具合などを踏まえ、何度も見直された結果、現在の形になっているからだ。つまり、飛ばしてもいいとは、品質不具合が出ることを許容すると意思表示することに他ならない。

品質不具合が出ることを許容したくないのであれば、ルール通りやる以外に手はない。

管理ランクの指定者

管理ランクに権威を持たせるには、しかるべき方法を確立する必要があります。次の通りです。

・新製品の新規内容がよく分かっている設計部門が管理ランクについて起案し、事業部長クラスや技術担当役員クラスが決裁すること。
・起案された管理ランクが適正であることを保証するため、品質の責任部門（品質管理部や品質保証部）に管理ランクの同意を得ること。すなわち、管理ランクの指定者は次のようになります。

［起案］担当設計部
［決裁］事業部長、技術担当役員クラス（もしくは、ランクによっては設計部長）
［同意］品質管理部、品質保証部

管理ランクの指定時期

管理ランクの指定時期は、顧客要求事項決裁会議で受注が決裁された後です。その決裁後に、速やかに管理ランクを指定します。すなわち、次の通りです。

・顧客要求事項決裁会議→速やかに管理ランク指定書を起票。

管理ランクの指定書

管理ランクの指定書の内容は次のようになります。

・管理ランクの決定には、起案と決裁、同意の欄を設ける。

・管理ランク解除に関する起案と決裁、同意の欄も設ける[*15]。

・管理ランクの指定書には、管理ランク、製品名、担当部署、納入先、納入開始時期、生産見込（初年度、3年後など）生産終了時期、管理ランク指定期間、管理ランク解除時期、起案、決裁、同意欄、管理ランク解除の欄を設ける。

＊15　管理ランクが指定されると、生産開始後も一定期間特別管理を行う。生産が安定していると確認できれば、管理ランク解除時期を迎えた時点で指定を解除する。生産ラインでの特別管理は管理ランクで異なる。例を図4-Dに示す。

管理ランク	生産開始後	管理体制の内容
S	□カ月経過するまで	・全数出荷検査 ・1個/日の抜き取り品の保管 ・1個/日の抜き取り品の○時間耐久試験 ・
A	◇カ月経過するまで	・全数出荷検査 ・工程内不良品を○個/日分解調査 ・
B	○カ月経過するまで	・全数出荷検査
C	解除	なし

図4-D●管理体制の内容（例）
（出所：ワールドテック）

point▶ 管理ランクは受注決定後、速やかに指定する。管理ランクが適正であることを保証するために、品質の責任部門の同意が必要である。また、一旦指定されれば、設計プロセスは確実に実行しなければならない。そのために、決裁者は役員クラスが望ましい。

(4) 量産設計プロセスは計画に従って実行する

管理ランクを指定したら、量産設計プロセスのスケジュールを決めます。多くのステップを抜けなく、順序通りに進めなければなりません。実施するステップと日程、推進担当部署について関係部署が合意します。なぜなら、量産設計はコンカレント活動が基本だからです（第4章4.2.[4]；p.209参照）。

そのため、設計スケジュール管理表（表4-1）で、大きな節目ごとに関係部署の確認を得るなどの工夫が大切です[*16]。

表4-1●設計スケジュール管理表
（出所：ワールドテック）

ステップ	実施項目		主担当部署	制定・改定内容 日程（予定　　実績　　）
構想設計	1	○○○	○○	
	2	○○○○	品質	
	3	□□□	設計	
	4	□	品質	
	5	△△△	設計	
	6	△△△△	製造	
	7	DR		
	8	決裁会議		
詳細	9	○○○	設計	
	15		品質	
	16	DR		
	17		企画	

設計の基本業務

品質の質を高め、抜けをなくす取り組み

1〜3次決裁会議ごとに関係部署が進捗を確認する

検討・審議・決裁

＊16　例えば、設計スケジュール管理表に関係部署（設計や品質、製造などの部署）の確認欄を設け、1次、2次、3次の決裁会議に進むごとに、関係部署が確認する。

point ▶ 量産設計プロセスを抜けなく実行するには、設計スケジュール管理表に関係部署の確認欄を設ける。

[2] 技術的な知見やノウハウ（2番目の設計力要素）

量産設計における7つの設計力要素のうち、2番目は**技術的な知見やノウハウ**です。これらは大きく2つに分類できます。

(1) 過去の失敗経験から学んだ知見
(2) 製品固有の技術と製品間の共通技術

以上を順に解説します。

(1) 過去の失敗経験から学んだ知見

過去の失敗経験から得た知見（**過去トラ**）を生かせば、品質不具合の件数が減ることは第4章4.2.[2]（p.185）で取り上げました。同じ原因の品質不具合を繰り返す職場では効果が大きく、過去トラは重要な技術的知見です。しかし、過去トラを活用することは簡単ではありません。過去トラを知ること自体も難しいのですが、さらに難しいのは、過去の失敗の経験を今の設計に関連付けて生かすことでした。ここからは、過去トラの価値や過去トラとして残すもの、過去トラを生かすにはどうすべきかについて、順に解説していきます。

第1章
第2章
第3章
第4章
第5章
第6章
第7章

①過去トラの価値

品質不具合は、大きな品質不具合でも時間がたつと印象は薄れます。さらに、品質不具合を起こしたのが自分の所属する職場でなければなおさらです。いくら大きな品質不具合でも頭の片隅に埋もれていきます。

創業年数の長い企業は、過去の失敗事例が歴史の長さの分だけあるものです。しかし、何もしなければ、多くの品質不具合は歴史の中に埋もれてしまいます。そして、同じ原因の品質不具合を起こしてしまうのです。

品質不具合への対応は費用を伴います。市場クレームでは、暫定対策や本対策、製品の交換、顧客への対応などに費用がかかります。歴史のある企業ほど多くの品質不具合を経験し、費用も多額です。ということは、過去トラは、企業規模にもよりますが、数百億～数千億円をかけて学んできた知見です。お金をかけて学んだその企業オリジナルのノウハウです。

つまり、過去トラは、企業が創業以来、多額の費用をかけて学んだ知見であり、かつ、その企業のオリジナルの知見であって、多額の資金を使って学んだオリジナリティーあふれる知見という素晴らしい価値があるのです。これほど重要な知見は他にないといっても過言ではありません（図4-9）。

このように価値ある知見は、設計に生かされなければなりません。ところが、過去の失敗事例が設計基準に取り込まれなかったり、設計基準にはあったのに設計に反映されなかったりします。そうなると、この価値ある知見が有効に使われず、企業にとっては大きな損失となります。

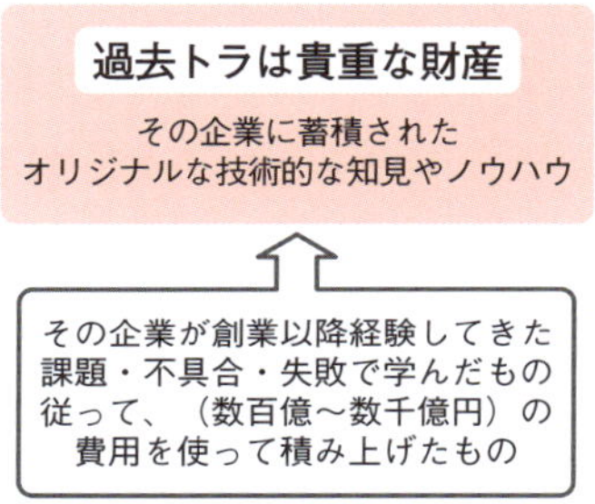

過去トラは貴重な財産
その企業に蓄積された
オリジナルな技術的な知見やノウハウ
その企業が創業以降経験してきた
課題・不具合・失敗で学んだもの
従って、（数百億〜数千億円）の
費用を使って積み上げたもの

図 4-9 ●過去トラの価値
（出所：ワールドテック）

point ▶ 過去トラは、企業が多くの費用をかけて学んだオリジナルな知見である。

②過去トラとして残すもの

品質不具合を起こしたときは、対策を打って終わりではありません。同じ失敗を繰り返さないように、失敗から得た教訓を残さなければなりません。それが過去トラです。残す教訓には、技術上の教訓と管理上の教訓の2つがあります（図 4-10）。

過去トラ
技術上の教訓
技術上の失敗の原因と対策
管理上の教訓
技術の失敗に至った仕事の
やり方のまずさ

図 4-10 ●過去トラには2つの教訓がある
（出所：ワールドテック）

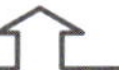

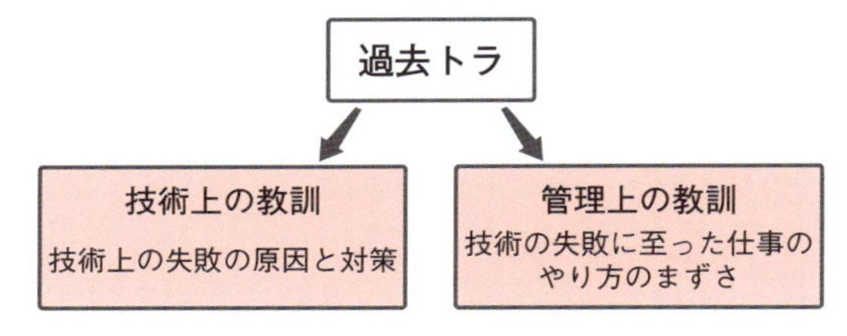

(i) 技術上の教訓

品質不具合が起きると、純粋に技術のどこで失敗したかについて教訓を残さなければなりません。それが**技術上の教訓**です。

技術上の教訓を残す手順は、品質不具合現象の把握、真の原因（メカニズムを含む）の特定、対策、技術上の教訓の見極め（純粋に技術のどこで失敗したかを明らかにする）です［Example 3］。

Example 3 自動車部品に使われる接点は非接触式に置き換わってきた。だが、かつてはメカ式接点が主流で、導通不良に悩まされるケースが多くあった。例えば、接点の表面にシリコーンから出る分子成分が付着し、それが絶縁膜を形成する。すると、接点部に微弱電流が流れにくくなる不具合が発生してしまう。この接点に関する不具合の教訓について考えよう。

不具合現象の把握から教訓の見極めまでのステップは、以下のようになる。

ステップ1：「不具合現象の把握」は、X接点部の導通不良。

ステップ2：「真の原因（メカニズムも含む)」は、Y部位のシリコーン剤からZ分子成分が蒸発し、○○の影響で接点表面に酸化膜を形成すること。この酸化膜形成反応のメカニズムは□□。

ステップ3：「対策」は、シリコーン剤を成分が異なるF剤に変更すること。次に教訓に進む。ここで、技術上の教訓はステップ1～3を踏まえて判断する。

ステップ 4-1 [*17]：「技術上の教訓」は、例えば「シリコーンを接点近傍で使用しない」こと。

＊17　ステップ 4-1 としたのは、次に取り上げる管理上の教訓 4-2 と区別するため。

(ii) 管理上の教訓

管理上の教訓は、仕事のやり方がどのようにまずかったから不具合を起こしたのかを明らかにすることです。「仕事のやり方のまずさ」が**管理上の教訓**です。

技術で失敗したのは、技術がなかったからと結論づけると、同じ失敗を繰り返す可能性が残ります。同じ技術で失敗しないためには、「技術で失敗したのは、仕事のやり方がまずかった」と振り返ることです。仕事のやり方のどこが良くなかったのか、それが管理上の教訓です。

Example 3で取り上げた、シリコーンを接点近傍で使った行為は結果です。仕事のやり方が異なっていれば、対策剤を最初から選定していた可能性があるはずです。「あの時点では、あのような取り組みをしたが、このように取り組んでいれば不具合を起こさなかった」などと振り返ることで、不具合につながった仕事のやり方の**真の原因**を見極めます。その原因を裏返せば、それが管理上の教訓となります。

Example 3 続き　では、接点のシリコーンによる導通不具合の管理上の教訓は何だろうか。

ステップ 4-2：「管理上の教訓」は、「ここまでのステップだけでは分からない」である。

実は、管理上の教訓の見極めは難しい。

管理上の教訓は品質不具合発生の背景で変わる

管理上の教訓が一筋縄でいかないのは、品質不具合発生の背景により、その教訓がさまざまに変わるからです。技術上の原因が同じであっても、例えば、次のように変わります（図 4-11）。

接点導通障害

原因		シリコーン系シール剤に含まれる○○○が絶縁被膜	
対策		□□系シール剤へ変更	
教訓	技術上	シリコーン接点近傍で使用しない	
	管理上	・基準類遵守の徹底 ・良品解析の徹底 ・転用時の環境条件の変化を十分把握 ・	発生背景で異なる

図 4-11 ●管理上の原因は不具合発生の背景で異なる
（出所：ワールドテック）

・基準類に「シリコーンを接点近傍で使用しない」と示している場合、管理上の教訓は「設計基準の順守を徹底すべし」となります。

・品質不具合に関する知見が職場にあるにもかかわらず、いまだに設計基準に反映されていない場合は、管理上の教訓は「設計基準を最新の状態へ見直すことを徹底すべし」となります。

・不具合に関する知見が職場にない場合は、「耐久評価後の製品の精査を徹底すべし」や、さらに遡って「市場環境を反映した耐久評価条件の適正化を測るべし」などが管理上の教訓に挙げられます。

・顧客や市場からの回収品を精査すれば兆候を確認できる可能性がある

と判断した場合は、管理上の教訓は**回収品の解析を徹底すべし**などが考えられます。

このように、管理上の教訓を見極めるには、**仕事のやり方のまずさ**をさまざまな視点から考えなければならないのです。

大きな品質不具合の場合は、開発スタート時から発生するまでの全ステップを振り返ることになります。仕事のコンカレント活動を踏まえると、設計や品質、生産技術、生産、さらに必要に応じて企画や購買など、その品質不具合に関係する全ての部署が集まって議論しなければ、真の原因を見極めて教訓を得ることは難しいのです[*18]。

＊18　筆者が設計者として働いていた時には、技術上の対策が一段落すると、会社の保養所に泊まり込んで振り返り会を行うことがあった。議論するのは、言うまでもなく「仕事のやり方のまずさ」、すなわち「管理上の教訓」の見極めである。それほど品質不具合を起こした場合は、仕事のやり方を振り返ることが大切なのだ。

point ▶ 過去トラは、どのような技術で失敗したかという「技術上の教訓」だけではなく、仕事のやり方の何がまずかったのかという「管理上の教訓」も残す。なぜなら、技術の失敗は、仕事のやり方のまずさから起こるからだ。

(iii) 過去トラを生かすにはどうすべきか

過去トラを生かすには、「技術上の教訓を設計者が理解し、使える仕組みに工夫すること」と「管理上の教訓を設計力の仕組みに反映すること」の2つが必要です（図4-12）。

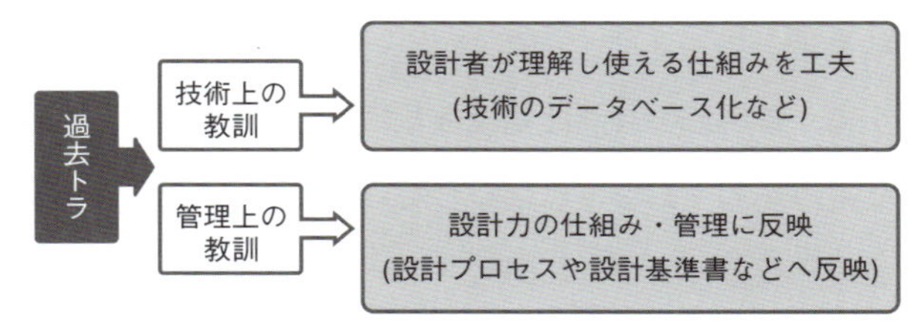

図 4-12 ●過去トラを生かす工夫は、技術上と管理上の教訓で異なる
(出所:ワールドテック)

(iii-1) 技術上の教訓を設計者が理解し、使える仕組みに工夫すること

技術上の教訓を生かす上での課題は、教訓は残すだけでは使えないということです*19。残す仕組みに工夫が必要です(図 4-13)。

樹脂故障モード	ゴム故障モード
熱劣化	高・低温へたり
熱収縮	オイル、燃料劣化
加水分解	シール洩れ
疲労破壊	粘着
ウエルド割れ	オゾン劣化
環境応力割れ	金属･樹脂触媒化
トラッキング破壊	電機導通不良

故障モードキーワード集

テーマ	故障モード		現象	対象	設計上/評価上留意点	該当部品
ゴム材料	へたり	①高温へたり	シール部のへたりでオイル洩れ	シール部品全般	圧縮永久歪<X%図面に圧縮率明記	Oリング
		②低温へたり硬化	弾性率低下による脆化		最低温度でシール性確認	パッキン

具体的な設計上の留意点集

故障モードキーワードクリックで設計上、留意点の該当箇所が表示される

図 4-13 ●技術上の教訓を生かす仕組み(例)
(出所:ワールドテック)

*19 企業に残し方を聞くと、多くの企業は教訓をデータベース化していると回答する。しかし、活用できているかとの問い掛けには、ほとんどの企業ができていない。データは残すだけでは使えないということだ[Example 4]。

Example 4 回路の品質不具合にマイグレーション(絶縁不具合の現象)

がある。銀（Ag）と湿度と電圧があれば、Agが移動して電極間のショートを引き起こす。マイグレーションについての技術上の教訓を筆者は言葉としては知っていたが、その時手掛けていた開発製品に関係づけることができなかった。教訓を生かせず品質不具合を出してしまった。

残す仕組み1

電極に銀（Ag）を使っている担当者がパソコンでデータベースにアクセスし、「Ag」とキーワードを入れる。すると、画面上に品質不具合のモードとして、湿度と電圧の条件が合わさればマイグレーションが起こると検索できる。こうした品質不具合検索システムが構築できているとします。これを見た設計担当者は「そうだ！」と気づけるでしょうか。

マイグレーションを経験した設計者やベテランの設計者は、すぐに対策を取らなければならないと気づくはずです。しかし、その現象の経験がなく、マイグレーションを知らない若手の設計者は、対策が取れないでしょう。マイグレーションという言葉が画面上にあっても、故障がどのようなものか具体的に理解していないと、今手掛けている開発製品に関係付けることができないからです（第4章2；p.162参照）。言葉として知っていることと、それを理解していることは別物です。

残す仕組み2

もちろん、データベースはそうしたことも踏まえて構築されるでしょう。例えば、設計者がマイグレーションをクリックすると、過去のマイグレーションの品質不具合を詳しく解説した資料が出てきます。そこには、品質不具合の現象からメカニズムを含む原因、対策、教訓までもが詳しく記載されています。では、このシステムがあれば、設計者は問題なく関連づけられるでしょうか。

一見良さそうですが、事はそう簡単ではありません。なぜなら、詳しい説明資料がパソコン画面に出ても、それをじっくりと時間をかけて読み、理解を深めなければならないからです。設計担当者は日々猛烈に忙しいのです。じっくり読む時間が取れないでしょう。読もうとしていると、上司から声が掛かったり、電話応対をしなければならなかったりします。そうこうしているうちに夜になり、明日読もうとパソコンを閉じます。しかし、翌日はもっと忙しい……。結局、読めずじまいで終わるものです。

残す仕組み3

だからといって、何もしなくてもよいというわけではありません。詳しい説明資料を、図や表を駆使してビジュアル化し、じっくり時間をかけなくても理解できる資料にすることが必要でしょう。

上記のようにデータベースを工夫することは、即効果が表れるかどうかはともかく、取り組みが一歩前進したことに変わりありません。システムを運用し、不備を少しずつ改善していくことが大切です。まさに、過去トラの検索の仕組みは**継続的改善**の対象です。完璧な仕組みは現時点ではないといえます。毎年一歩一歩改善できる企業になる必要があります。そうした企業であれば、世界一効果的なシステムを構築できる可能性が高まります。過去トラの有効活用とはこうした世界です。だからこそ、重要な設計力なのです。

(iii-2) 管理上の教訓を設計力の仕組みに反映すること

管理上の教訓は設計の仕組みに反映されなければなりません。7つの設計力要素にある管理や仕組みへのフィードバック(F/B)です(図4-14)。

先の接点の導通不具合を例に、管理上の教訓として(a)~(e)を挙げてみましょう。

(a) 設計基準の順守を徹底すべし

(b) 設計基準を最新の状態へ見直すことを徹底すべし

(c) 耐久評価後の製品の精査を徹底すべし

(d) 市場環境を反映した耐久評価条件の適正化を図るべし

(e) 回収品の解析を徹底すべし

こうした仕事のやり方のまずさを繰り返さないためには、仕組みへのフィードバックをしなければなりません。上記の管理上の教訓に対する仕組みへの反映を以下に列挙します。

(a) 設計基準が守られなかったとすると、その順守のために以下に注意する。

- 設計プロセスへ設計基準を振り返ることを、ステップとして入れる。
- DFM検討会(第4章4.2.[6];p.251参照)で、関係する設計基準が図面に反映されているかどうかを議論する。
- 出図時に、品質担当者が設計基準に合致しているかどうかをチェックして承認する。

・設計基準の勉強会を定期的（1回/年）に行う。

(b) 設計基準が更新されず、得られた知見が反映されていない場合は以下に注意する。

・設計基準をメンテナンスする担当者を置く。

・設計基準の担当者が兼務の場合は、専任者に切り替える。

(c) 耐久評価後の製品の精査に問題があった場合は以下に注意する。

・設計検証検討会（第4章4.2.[6]；p.252参照）で、耐久品精査チェックシートを用意する。

(d) 耐久評価条件が市場環境と相関が低いと判断した場合は、以下に注意する。

・市場環境条件の見直しや耐久評価条件を再検討する（これは、現実的にハードルが高い）。

(e) 回収品の解析を徹底できていなかった場合は以下に注意する。

・納入先での評価品を回収することをステップへ組み込む。

・管理ランクの高い製品は、社内の分析専門部隊に支援を依頼することをルール化する。

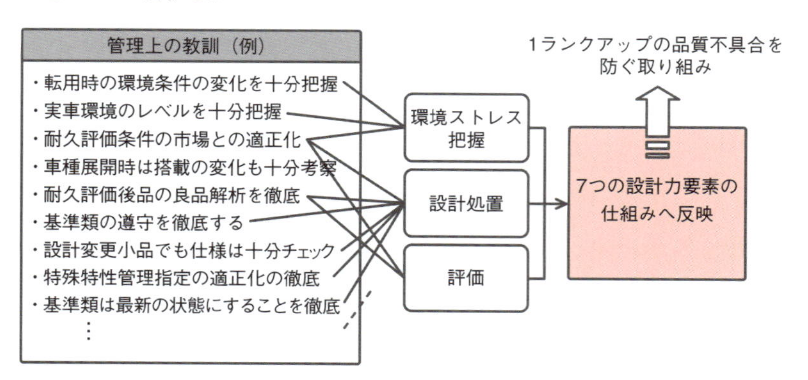

図4-14●管理上の教訓を設計力の仕組みに組み込む
（出所：ワールドテック）

point ▶ 技術上の教訓は、不具合を直接経験していない設計者でも工数をかけずに内容が理解できるように、データベース化などの仕組みを継続的に改善する必要がある。管理上の教訓は、設計力の仕組みにフィードバックすることが大切。

(2) 製品固有の技術と製品間の共通技術

技術的な知見やノウハウは、大きく2つに分類でき、1つ目の過去トラは先に取り上げました。続いて、2つ目の**製品固有の技術**と**製品間の共通技術**を取り上げます(図4-15)。

製品固有の技術	製品の機能や性能などを達成する技術 ⇩ 設計者自身がプロを目指す
製品間の共通技術	この技術分野は多岐に渡り、設計者が全てをミスなく設計に反映することはハードルが高い ⇩ 浅くてもよいので抜けなく幅広く持つ

図4-15 ●製品固有の技術と製品間の共通技術
(出所:ワールドテック)

①製品固有の技術

製品固有の技術とは、その製品の主な機能や性能を実現する手段や方法、その製品の中核となる技術です[Example 5]。

センサーの検出方式を例に取り上げましょう。クルマの速度計はトランスミッションの回転数などを検出して速度に置き換えて表示しています。回転数の検出方式は電磁誘導のコイル方式か、磁気方式のホール素子か、磁気抵抗素子(MRE)か。ホール素子を選定した場合は、ホール素子1個で検出するのか、2個使うのかなど、技術の選定の考え方と定量的な根拠、さらに（磁界の）設計方法など、その製品の主な性能を出すための技術的知見が製品固有の技術に該当します。

製品固有の技術の具体例

(a) 機能や性能などの達成方式選定の根拠：上記のセンサーの例では、ホール素子方式を選んだなら、各種諸元（検出感度、分解能、耐熱性、コストなど）を比較し、選定が最適である根拠。

(b) その方式を実現する技術課題への対応策と設計詳細：技術課題への対応策と、対応策ごとの安全率と余裕度の理論的かつ定量的な根拠（第4章7.3.[1]；p.285、同[2]；p.286参照）。

(c) 評価項目および条件とその設定根拠：初期特性評価項目、および耐久評価項目と条件とその（できれば定量的）根拠（第4章7.4；p.288参照）。

(d) 安全設計の考え方と処置：システムおよび製品のFTAによるフェールセーフや冗長性確認、および重点管理項目（第4章7.5；p.290参照）。

Example 5 筆者が学生だった頃に、先生からご指導いただいて今でも覚えている言葉がある。「工学を目指すものは体力が絶対条件である。開発といえども、ものづくりは非常に泥臭い世界で、ガスボンベをかつぐような仕事も重要になる。しかし、知識や技術は『T』字形を心掛けよ。自分にとって専門をここだと決めたら誰よりも負けない深みを持たせよ。他の分野は浅くても構わないから広く知れ。そうすれば技術者としてやっていける」という言葉だ。設計者は、その専門技術分野で誰にも負けない深みを持たなければならない。しかし、それだけではダメで、周辺分野の幅広い知識や技術も兼ね備えていなければならない。そのようになるように日々研さんせよということだ。

②製品間の共通技術

Example 5で紹介した通り、設計者は自身の専門分野の技術、つまり製品固有の技術は誰にも負けない深みを心掛けなければなりません。それとともに周辺分野も幅広い技術を身に付ける必要があります。その幅広い技術が**製品間の共通技術**です[*20]。

製品間の共通技術の例

(a) 製品間に共通する基本設計技術

(b) 製品間に共通する要素技術

・材料の知見

・加工の知見

・共通部品についての知見

(c) 生産システムの知見

(d) 最近の電子制御化やソフトウエア重要度の急速な高まりから、機械系設計者にとっての電気や電子、ソフトウエアに関する基礎知識。電気系、電子系の技術者にとっては機械設計の基礎知識。

(a)～(d) の具体例を以下に示しましょう。

(a)：例えば、信頼性設計についての知見が該当し、エンジンルームの最高最低温度設定の考え方や、クルマの保障期間20年とした場合の累積温度ストレスの定量化方法、振動ストレス定量化の方法などが挙げられる。また、暴走や車両火災を発生させない安全設計手法なども大切な基本設計の知見です。

(b)：製品間に共通する要素技術：製品間に共通する要素技術は、材料では鉄や非鉄、樹脂、ゴム、セラミックなど各種材料の知見。加工では、かしめや嵌合、ねじ締結、切削、樹脂成形、プレス、ダイカスト、冷鍛などの知見。さらに、めっきや塗装、焼き入れなどの処理方法など多岐におよびます。

共通部品は、ボルトやナット、リベット、Oリング、接着剤、封止剤など汎用性の高い部品が該当します。

(c)：生産システムの知見：生産システムでは、手組みラインや自動化ラインなどの工程設計についての基礎的な知見が量産設計には必要です。

(d)：最近、電子制御化やソフトウエアを使った制御が急速に進化しています。DRなどで相手の説明がある程度理解できることが、ますます重要になっています。機械系技術者は、電子部品や電気・電子回路の基礎知識、ソフトウエアも単語が分かることが要求されます。逆に、電子やソフトウエア技術者も機械設計が少し理解できる程度の基礎知識が要求されます。

＊20　なぜ、製品固有の技術だけではなく、製品間の共通技術も抜けなく学ばなければならないのか。近年急速に機械系や化学系、電機系からエレクトロニクス、さらには光学

系まで幅広い技術分野に関係する製品が増えてきており、機能の複雑さや技術の高度化に対して設計者が追い付けず、設計不備が発生しやすくなってきているからである。

製品固有の技術は、設計者がスキルアップして高めるしかないが、製品間に共通する技術を高いレベルまでカバーすることは困難になってきている。専門家や専門メーカーに支援を仰がなければならない。不足する技術を見極め、相談するには最低限の知見が必要だ。従って、設計者は必要な技術を浅くてよいので抜けなく持つ必要がある。

point ▶ 設計者は、製品固有の技術を深く究めなければならない。関係する製品間の共通技術は浅くてよいので広く抜けなく学ぶ必要がある。

[3] 各種ツール（3番目の設計力要素）

量産設計における7つの設計力要素のうち、3番目は各種ツールです。ここで言うツールとは技術や品質に関するもので、2つに分類できます。

(1) 技術用ツール

(2) 品質保証（QC）用ツール

(1) 技術用ツール

技術用ツールは進化が目覚ましいものがあります。モデルベース開発（Model Based Development；MBD）や電子制御ユニット（ECU）のテスト装置であるHILS（Hardware In the Loop Simulator）などを活用し、試作品の回数や数を減らす取り組みが進んで開発期間も短くなっています。VR（Virtual Reality；仮想現実）の進化は目覚ましいものがあります。CAE（Computer Aided Engineering）も解析の信頼性が飛躍的に高まり、構造解析や流れ解析、磁場解析、熱伝導解析など、さまざまな解析ツールが設計の信頼性を高めて効率化をもたらしています。3次元CADは言うまでもありません。3次元図面が主で、2次元図面で補完する職場も増えてきました。こうした技術ツールは、さらに進化し、設計の活動をサポートしていくことでしょう。

(2) 品質保証 (QC) 用ツール

これは以前からある**品質管理ツール**です。技術環境が変わっても品質管理ツールは大切な手法です。多くの種類があります。ざっと抜き出しただけでも40近くになります (表4-2)。

品質管理手法は、大きく2つに分類できます。数値で解析する統計的手法と、言語で分析を行う非統計的手法です。

統計的手法には、広く利用されているヒストグラムやパレート図などのQC 7つ道具、実験計画法や応答局面法などの品質工学、重回帰分析などの多変量解析、マイナー則やワイブル分析などの信頼性工学があります。

非統計的手法には、関連図法や親和図法などの新QC 7つ道具や、品質機能展開 (Quality Function Deployment ; QFD)、FMEAやFTAなどの故障解析などがあります。

統計的手法は、数値計算で詰めるため、入力するデータが妥当であればツールの理屈通りの結果を得られます。理屈を理解しさえすれば、だれが使っても、同じレベルの結果を出せる可能性が高い、その意味で扱いやすいツールです。

最近は、統計的手法に使うソフトが増えてきました。扱いやすい環境が整ってきています。

一方、非統計的手法は、難しい計算はありません。言葉で詰めていくツールです。従って、誰でも取り掛かれますが、結果は取り組む人の経験や知識、知見に依存します。取り組む人やグループによって結果が大きく異なる可能性が高いツールです。

多くの種類があります。場面に合った手法を選ぶことが大切です[*21]。

表 4-2 ●QC ツールは場面に合った手法を選ぶ
（出所：ワールドテック）

分類	SQC（統計的手法）	非統計的手法
扱うデータ	数値データの解析	言語データの解析
主な QC 手法	■QC 7つ道具 ・特性要因図 ・パレート図 ・チェックシート ・ヒストグラム ・グラフ・管理図 ・散布図 ・層別 ■品質工学 ・実験計画法 ・タグチメソッド ■多変量解析 ・重回帰分析 ・判別分析 ・主成分分析 ・クラスター分析 ・数量化理論 ■信頼性工学 ・マイナー則 ・ストレス ストレングスモデル ・アレニウスモデル ・最弱リンクモデル ・FEM ・ワイブル分析 ・ベイズ法	■新 QC 7つ道具 ・親和図法 ・関連図 ・系統図 ・マトリックス図法 ・PDPC 法 ・アローダイヤグラム法 ・マトリックスデータ解析法 ■品質機能展開（QFD） ・品質展開 ・工法展開 ・技術展開 ・信頼性展開 ■故障解析 ・FMEA/DRBFM ・工程 FMEA ・FTA ・ETA（Event Tree Analysis；事象の木解析）

*21　品質不具合の対応で使うツールの例は以下の通りです。
・ワイブル分析で故障モード（摩耗故障、ランダム故障、初期故障のいずれか）、および

累積発生確率を推定。

・FTA や要因分析で品質不具合に関係する要因を列挙。

列挙した要因を机上で絞り込む。残った要因をさらに絞り込むため、要因から環境ストレスの仮説を立て、再現試験条件を設定する。再現できれば対策案を検討する。

・材質変更の場合、アレニウスモデルでストレスと寿命の関係を明確にし、マイナー則から寿命を推定する。

・ストレスとストレングスモデルで安全率を見極める。

point ▶ 品質管理手法には多くの種類があるが、場面に合った手法を選ばなければならない。非統計的な手法は、取り組む人やグループのレベルで結果を大きく左右する。

[4] 人と組織（4 番目の設計力要素）

量産設計における 7 つの設計力要素のうち、4 番目は**人と組織**です。まず人を取り上げます。

(1) 人について

量産設計に携わる人は、技術者だけではなく設計者（設計者⊇技術者）でなければなりません。ここで「設計者⊇技術者」とは、技術検討や特許出願、研究発表を行うだけでなく、①**組織間の調整力**と②**顧客との技術折衝力**を備えた人のことです。

①組織間の調整力

量産設計に携わる人は技術的な検討をしたり、技術的な検討結果を研究報告書にまとめたり、特許を出したりすることは基本的な業務です。

しかし、これだけでは設計者としては不十分です。組織間の調整ができなければなりません。

(i) 組織間の調整力とは

量産設計段階から関係する全ての部署が力を合わせて取り組む**コンカレント活動**（第 4 章 4.2.[4]；p.209 参照）を押し進めることです。すなわち、設計、品質、生産技術、生産、調達、企画など立場の異なる部門の関係者が同じ目標に向かって取り組めるように、関係者全員のベクトルを合わせることです。

そのリーダーは設計者（設計部署）が担います。なぜなら、量産設計段階で対象製品を最も知っているからです。

リーダーとして役割を果たすには、「あの設計者となら一緒に仕事をしよう」と思ってもらえることに尽きます。日々心掛けてください*22。

*22 広い見地からは、この章で取り上げている 7 つの設計力要素、すなわち設計者としての総合力がものを言いますが、これは一歩一歩登らなければならない大きな課題です。

(ii) なぜ組織間の調整力が必要なのか

組織間の調整力が必要な理由は、**図面は全社で描く**ことを実践するためです（図 4-16）。

図面は誰が描くのかと質問されたら、「図面は全社で描く」と答えるのが正解です。全社で描くための必須条件が、組織間の調整力です*23。

*23 筆者はこれまで 1000 人以上に図面は誰が描くのかと問い掛けた。返ってきた答

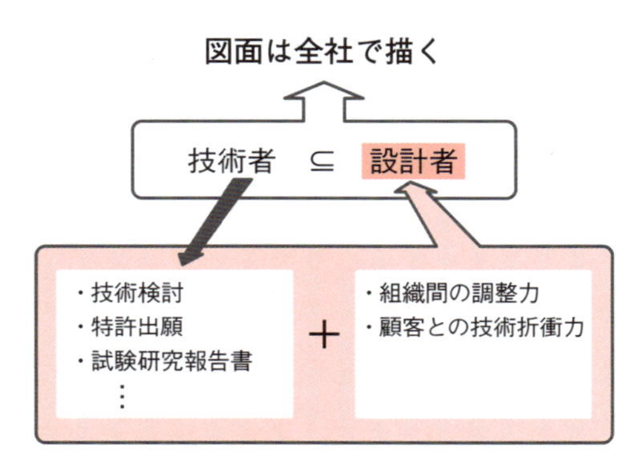

図 4-16●図面は全社で描く
（出所：ワールドテック）

えは全て「設計者（設計部門）」だった。設計とは設計者だけで完結する、とかCADで図面を作成することが設計という思いの表れだろう。

しかし、図面は全社で描くというのが正解だ。なぜなら、たった1個の樹脂製部品であっても、図面を描くには静的強度や、温度と強度、吸水と強度、熱劣化と強度、クリープ変形などをきちんと考慮しなければならないからだ。成形では、型割りや、樹脂の湯まわり、ウエルド位置などを確認する必要がある。製造面も忘れてはならない。成形可能な公差になっているか、組み付けしやすい設計になっているか、金型費は許容できる範囲かなど、多くの知見を踏まえなければ図面を描くことはできない。

つまり、設計以外にも、品質や生産技術、生産、調達、企画など関係する全ての部門の総知・総力を注ぎ込んで図面となる*24。従って、レベルの高い図面を出し続けるには、関係する全部門のベクトルが合っていなければならない。だからこそ、設計者は組織間の調整力を備えていなければならない。

＊24 入社後しばらくして、初めて量産図面を担当した時のことだ。筆者は日程会議に量産図面を持って臨んだ。日程会議とは、設計や品質、生産技術、生産、生管（生産管理）、企画など関係部署が一堂に会して、量産図面を基に、部品手配や生産工程準備についてのスケジュールを検討する場である。筆者が図面を配布して説明を始めると、生産技術のベテランの課長が突然、「こんな図面でものを造れると思っているのか！」とすごい剣幕で筆者を一喝した。図面に加工のしやすさや組み付け工程への配慮ができていなかった。製図板に向かって線と数値を描けば図面と思っていたのだ。それから足しげく現場に通い、現場のリーダーや班長の声を聞いた。これで図面のレベルが上がったのは言うまでもない。

②顧客との技術折衝力

設計者は、顧客との技術折衝力を高めなければなりません。

（i）技術折衝力とは

顧客との技術折衝力とは、以下の2つを実行することです。

・顧客との打ち合わせで受け取った技術課題（宿題）を100%のレベルで回答することを目指して取り組むこと。検討結果は技術報告書を作成し、約束した期限を守って報告する。

・かつ、顧客の前でその報告書を分かりやすく説明する。

一言で表現すると、顧客への**プレゼンテーション力**です。

（ii）なぜ顧客との技術折衝力が必要なのか

顧客との技術折衝力が必要な理由は、設計者が顧客から信頼を得るためです。なぜ設計者が顧客から信頼されなければならないのかといえば、顧客から発注を得るためです。

ところが、設計者は受注についてキーとなる立場であることを忘れがちです[*25]。設計者が顧客から信頼を得るために必要なのが技術折衝力です。

＊25　新規システムを構成する主要製品・部品の開発を、顧客がどの仕入れ先メーカーと付き合って進めるかは、顧客側の技術者の影響力が大きい。例えば、自動車メーカーの技術者が新しい電子制御システムを構成するA部品を1次仕入れ先部品メーカーとこれから一緒に開発を進めたいとする。A社のA君、B社のB君、C社のC君の誰に電話しようかと考えたとき、「3社とも技術力はある。中でも、A社のA君は最も信頼できる」

と考えてA君に電話する。一方でB社とC社はその時点で失注の可能性が高まる。

(iii)技術折衝力(プレゼンテーション力)を高めるには

顧客との技術折衝力を高めるには、**プレゼンテーション力**を高める必要があります。すなわち、顧客が満足する技術報告書を作成しなければなりません。それは、以下の条件を満たす報告書です。

・技術課題に対して理論的に説明し、その理論を裏付ける試験や実験による検証結果を含んでいること。

・かつ、分かりやすく簡潔にまとまっていること*26。

難しいことを難しく書くのは簡単ですが、難しいことを分かりやすく書くのは大変難しいのです。

顧客の前で、報告書を分かりやすく説明するというのは、報告書を読むのではなく、行間を含めて自分の言葉で説明するということです。事前に、話す内容を頭で整理しておきます。できれば自分で声に出してみるなどの事前準備を心掛けることが大切です*27。

＊26 上司の役割が重要になる。上司のプレゼンテーション力が部下のプレゼンテーション力を大きく左右する。技術報告書については、上司と部下との間で内容や書き方をいかに切磋琢磨できるかが大切だ。これが技術報告書の水準を決定する。大切な技術報告書は何度も社内の関門をくぐることになる。上司は検討・承認にふさわしい議論や指摘ができる力がなければならない。上司との議論や上司からの鋭い指摘が、部下の技術報告書の水準や説明する力を育てるからだ。もちろん、機会があるたびに、「前回よりも良くしよう」という強い思いを持ち続けて取り組むことの大切さを部下に教えることも、上司の重要な役割だ。

＊27 筆者の経験では、量産設計が進むにつれて、顧客である自動車メーカーに報告する機会が増えた。問題解決に時間がかかり、打ち合わせに出掛ける時間ぎりぎりまで報

告書を作成することが多くなった。クルマを運転しながら「駐車場まで何分かかる。駐車場が混んでいたら地下道で道路を渡って会議室まで走って……」と、時間ばかりが気になっていた。何とか会議室にたどり着き、いざ説明を始めると、「この報告書は誰が作成したのですか？」と顧客から不満の一言。分かりやすく説明するために頭を整理（準備）することができていなかったのだ。

point ▶ 設計者は、技術者であるとともに、組織間の調整力と顧客との技術折衝力を備えておかなければならない。図面は全社で描くもの。そのためには組織間の調整力が必要である。受注の可能性を高めるために、顧客との技術折衝力を忘れてはならない。

(2) 組織について

続いて、4番目の設計力要素である人と組織のうち、組織としての活動について解説しましょう。組織としての活動には、①**コンカレント活動**と②**横断的チーム活動**があります。

①コンカレント活動

まず、組織としての活動のうち、**コンカレント活動**について説明します。

(i) コンカレント活動とは

コンカレント活動とは、量産設計の初期段階から設計、品質、生産技術、生産、購買、企画などの関係部署がそれぞれの専門的な立場で参加し、設計や生産技術などのレベルを高めて、検討抜けを防ぐ取り組みです。

第1章 第2章 第3章 第4章 第5章 第6章 第7章

新製品の管理ランク（第4章4.2.[1]；p.177参照）が決まると、コンカレント活動のメンバー（部署と担当者）と**リーダー**を決めます*28。メンバーが決まると、生産開始まで力を合わせ、プロセスを進めます（図4-17）。

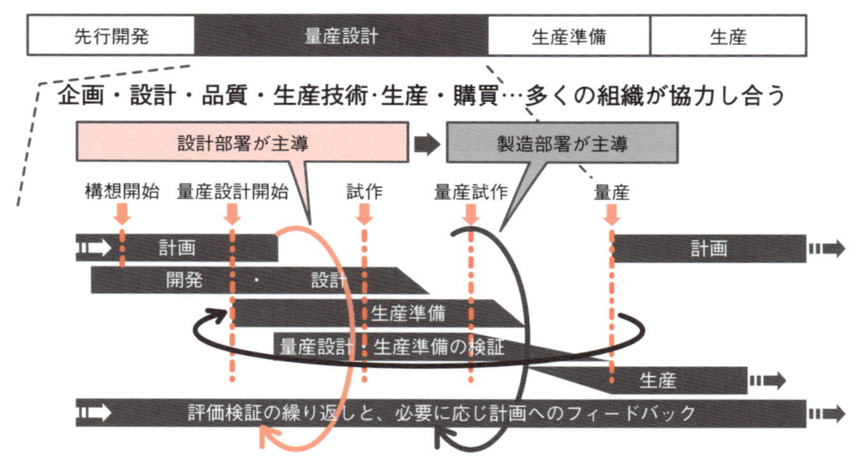

図4-17●コンカレント活動
（出所：ワールドテック）

*28　リーダーは量産設計段階では設計者（設計部署）が負わなければなりません。なぜなら、量産設計段階で対象製品を最も知っているからです。生産準備段階では生産技術者（生産技術部署）がリーダーとなります（第4章4.2.[4]；p.204参照）。

（ii）コンカレント活動の効果は

コンカレント活動で得られる効果は次の通りです。

・試作段階で早期に課題を見つけることができ、2回の試作を1.5回に減らせるなど、設計の効率化とスピードアップが可能となる。

・量産出図後の設計変更件数が減る。

例えば、寸法公差が厳しく、試作品では加工ができていたが、量産工程では工程能力指数（Cpk）を確保できず、公差を見直さなければならなかったとします。これをコンカレント活動により、構造を少し工夫すれば一方向組み付けができることを見つけて、部分的な構造の見直しで対応する——。こうした生産現場から見た課題や改善点を出図前に図面へ反映することができるのです［Example 6］。

・量産出図後のつまずきを減らす。

寸法が1カ所の変更でも、試作では費用もかからず簡単にできたことが、量産では何倍もの時間と工数が必要となる。また、出図してから設備手配までや生産開始までの日程には余裕がないことが多く、設計変更で設備手配が予定通りできなくなるなど、関係部署全てに多大な迷惑を掛けてしまうことになる。こうしたことが起きないように、コンカレント活動を行えば事前検討が抜けなくできる［Example 7］。

・関係部署間で設計に関しての情報の共有化が早い段階からできる。設備や生産ラインの事前検討などが可能となり、各部署で仕事の質の向上につながる。

Example 6 まだコンカレント活動が定着していなかった頃のことだ。コスト削減を狙い、回路部品を樹脂金型の中に置いて成形した。インサート成形である。試作品は問題がなかったが、量産開始とともに素子が壊れるものが多発した。品質不具合品が山をなした。理由は、試作と量産で樹脂成形金型の温度が違っていたことにあった。

試作品は1個ずつゆっくりと成形するため、金型が冷える時間があった。これに対し、量産は短いサイクルで成形する。そのため、金型温度が上がり、素子の耐熱温度を超えてしまったのだ。ここでコンカレント活動が行われていれば、生産技術担当者から「量産時は金型温度が高くなる」という意見が出て、失敗を防げただろう。設計者は現場のことは分からないことが多い。「餅は餅屋」に聞かねばならない。

Example 7 次期型製品（第4章4.2.[1] ＊12；p.178参照）を開発した時の経験だ。この製品に取り掛かった理由は、流動品（当時生産していた製品）の採算が悪く、赤字を垂れ流していたからだ。つまり、次期型製品を投入することで採算性の挽回を狙ったのだ。採算悪化の大きな要因は、組み付けにくい設計にあった。そこで、次期型製品では開発の初期段階である構想設計段階から生産技術や生産（以下、製造と呼ぶ）部署とのコンカレント活動を開始した。

このコンカレント活動は、設計と製造とのせめぎ合いとなった。設計が「良い構造」だと判断しても、製造から見れば「非常に造りづらい構造」であったりする。逆に、製造が組み付けやすさを優先すると、コストの高い設計になったりする。それでも、設計と製造が安易に妥協することなく議論を重ね、構造とコストの両立を目指して取り組んだ。

このように、コンカレント活動は、メンバーが安易に妥協せずに緊張感を持って取り組むことが大切だ。そうすれば、設計のレベルと質が高まる。結果として互いに成長することができる。

②横断的チーム活動

横断的チーム活動は、第3章4.2.[4]（p.100）でクロスファンクショナルチーム活動として取り上げています。量産設計ではFMEAや

DRBFM（Design Review Based on Failure Mode）を作成するチーム活動が該当します。関係する部署が力を合わせて議論しながら仕上げていく活動です［Example 8］。

Example 8 DRBFMは参加するメンバーの固有技術の差によって解析レベルに大きな違いが出る。例えば、故障モードの発想には技術者のノウハウによるところが大きいので、設計部署以外の関連部署（品質、生産技術、基礎開発など）の協力を得てあらゆる角度からの詳細な検討が必要。新規材料や新構造、新工法などに関する心配点（故障の原因）を検討する際は、社内の固有技術分野の専門家（材料や生産要素技術など）に検討を要請し、多角的に検討を行うことが必要だ。

point ▶ コンカレント活動の量産設計段階のリーダーは、設計者（設計部署）が担う。コンカレント活動は、設計変更の回数や手戻りを少なくする効果がある。

[5] 判断基準（5番目の設計力要素）

量産設計における7つの設計力要素のうち、5番目は設計基準などの**判断基準**です。これまで述べてきた4つの設計力要素（量産設計プロセス、技術的な知見やノウハウ、各種ツール、人と組織）が機能すると、良い設計結果が得られます。次は、その設計結果を検証する（承認を得る）場となります。そこには、結果の良し悪しを判断する基準が必要となります。それが5番目の設計力要素である設計基準などの判断基準なのです。

この判断基準は、これまで職場で積み上げてきた知見・ノウハウを基準化したものです。基準は2つに分類できます。

(1) 技術や知見を体系的にまとめた基準

(2) 実施項目に抜けがないか判断する基準

これらを順に取り上げましょう。

(1) 技術や知見を体系的にまとめた基準

これは、製品別固有技術をまとめた基準類と製品間の共通技術をまとめた基準類に分かれます（表4-3）。

表4-3 ●多くの技術的な知見と判断基準を「見える化」する
（出所：ワールドテック）

	技術的な知見、技術財産の見える化	
	基準類など	狙い
個々の製品別固有技術	・製品別設計基準書 設計の手順に従った解説書 ・標準図面 一枚一枚の図面別の解説書	一定の設計者が見ると、その製品を設計できる。 ・開発目標値の設定根拠 ・機能、性能などの達成方式選定根拠と設計詳細 ・評価項目と条件の設定根拠 ・フェールセーフの設計詳細 など、その製品の設計に関しての理論検討と実験結果など全てを含む。
	・試験研究報告書	・ネック技術など大きな開発設計課題別に、対応策と具体的な設計検討内容をまとめたもの ・大きな課題は、研究発表の題材ともなる
	・特許マップ	・出願特許をマップ化しておくことで、戦略の明確になる
製品間の共通技術	・基本設計基準書 製品が異なっても共通する設計手法	・市場環境条件をベンチ試験加速試験条件へ置き換える方法 温度環境、振動環境、湿度環境、オゾン環境… ・安全設計の基本的な考え方 ・詳細設計… 例）ねじ径の許容最小値、ワシャの使用可否、腕の力、指の力は何ニュートンを想定すべきか…
	・材料選定基準書	・金属、樹脂、ゴムなどをグレード別に、特徴、物性値、応力、熱やオイルなどのストレスから受ける影響など選定に必要な諸元を含む 例）ゴムのオイル中での圧縮永久歪、樹脂材料の熱劣化
	・加工基準書	・プレス、切削、樹脂成形、鍛造、ダイカストなどで製造上の制約条件を考慮した設計方法 例）板厚と最小プレス穴径、最小曲げR、樹脂成形のゲート位置
	・共通部品、材料仕様書	・ボルト、ナット、リベット、Oリング、接着材、ポッティング材…汎用的に使う部品の諸元をまとめたもの

過去の失敗事例集 ・設計上での不具合、失敗から得られた知見、技術	不具合、失敗の原因・メカニズム分析、対策から得られる普遍的な技術上・管理上の教訓をまとめたもの。

横串の関係

①製品別固有技術の基準類

まず、製品別固有技術の基準類を説明しましょう。

（ i ）製品別設計基準書

製品別設計基準書は、個々の製品の設計の手順に従った解説書のことです。一定レベルの設計者が見ると、その製品の設計ができます。以下に示す通り、その製品の設計に関する理論検討と実験結果など全てを含んでいる必要があります。

・開発目標値の設定根拠
・機能や性能などの達成方式の選定根拠と設計詳細
・評価項目および条件とその設定根拠
・フェールセーフの設計詳細

（ii）標準図面

標準図面は、1枚ずつ図面の根拠を解説したものです。具体的には以下の通りです。

・部品図面に描かれた、重要寸法（公差）や形状の詳細な根拠
・部品図面に描かれた材料を選んだ根拠
・組み付け参考図に描かれた組み付け要領の詳細解説
・組み立て図（アセンブリー；Assembly 図）の機能や性能などの選定、設定根拠

（iii）試験研究報告書

試験研究報告書は以下のような書類です。

・大きな開発設計の技術課題別に、設計対応策と具体的な設計検討内容をまとめたもの。まとめる項目は、技術課題の背景や技術課題、対応方針、理論的な説明、試験・実験の要領と検証結果など。

・大きな課題は、米国自動車技術会（SAE；Society of Automotive Engineers）などの研究発表の題材ともなる。

（iv）特許マップ

特許マップは、出願特許をマップ化したものです。これがあると技術戦略が明確になります。

②製品間の共通技術の基準類

続いて、製品間の共通技術の基準類について解説します。

（i）基本設計基準書

基本設計基準書は、製品が異なっても共通する設計手法のことです。具体的には次のようになります。

・市場環境ストレスを加速試験条件（第4章1.1＊4；p.156参照）に置き換える方法：温度環境、振動環境、湿度環境、オゾン環境などさまざまなストレスが対象。

・安全設計の基本的な考え方：**トップ（TOP）事象**＊29の特定。対象製品をFTA展開し、二重故障もしくは特殊特性管理を指定する。上位システムへの影響、上位システムからの影響を確認する。

・詳細設計の指針：例えば、ねじの径の許容最小値の考え方や、ねじや平座金（ワッシャー）の使用可否判断の考え方（腕の力、指の力は何Nを想定すべきか）など。

＊29 トップ（TOP）事象　対象製品が故障した場合、顧客に与える影響の中で最も重大な事象のこと。

（ii）材料選定基準書

材料選定基準書は、金属や樹脂、ゴムなど各種材料について、グレード別に特徴や物性値、応力・熱などのストレスから受ける物性劣化など、材料選定に必要な諸元をまとめたものです。例えば、ゴムのオイル中での圧縮永久歪（ひず）みや、樹脂材料の熱劣化などに関する材料選定基準書が必要です。

（iii）加工基準書

加工基準書は、プレスや切削、樹脂成形、鍛造、ダイカストなどの加工上の制約条件を考慮した設計方法のこと。例えば、板厚と最小プレス穴径、最小曲げR（曲率半径）、樹脂成形のゲート位置、抜き勾配などに関する加工基準書が必要です。

（iv）共通部品や共通材料の仕様書

共通部品や共通材料の仕様書は、ボルトやナット、リベット、Oリング、接着剤、ポッティング材、汎用的に使う部品の諸元をまとめたものです。他に、技術的な知見の判断基準として過去の失敗事例集がありますが、第4章4.2.[2]（p.185）参照で詳しく取り上げているのでそちらを参照してください。

(2) 実施項目に抜けがないか判断する基準

実施項目の抜けに対する判断基準は、各設計のステップに設定された項目が行われたかどうかをチェックするチェックシートやそれに類するものです。設計のステップに設定されるチェックシートなどの判断基準を以下に示します。

①新製品の管理ランク指定：製品の管理ランク基準（第4章4.2.[1]；p.177参照）。
②実車環境調査：実車環境チェックシート。例えば、搭載場所や取り付け方法、他部品との隙間・干渉、最高・最低温度、最大振動加速度や周波数パターン、試薬や飛び石、作動音など。
③試作品評価：初期性能規格、耐久評価規格（条件と根拠）、分解精査チェックシート。
④特殊特性指定：車両故障モード判断基準。例えば、燃費規制違反、排出ガス規制違反、路上故障など。
⑤節目デザインレビュー（DR）：1次DR、2次DRなどのチェックシート（準備するものや議論すべき項目）。
⑥節目決裁会議：1次決裁会議、2次決裁会議チェックシート（準備するものや議論すべき項目）。

⑦個別DR：DRBFM検討会、DFM（製造性考慮設計）検討会、設計検証検討会などのチェクシート（準備するものや議論すべき項目）。
⑧個別決裁会議：顧客要求事項検討会や原価企画会議（準備するものや議論すべき項目。なお、節目DRと決裁会議において準備するものや議論する項目は第4章4.2.[6]；p.219参照）。
⑨量産出図：出図チェックシート（試作品の実力、設計安全率、実車評価結果、利益率）。

point ▶ 判断基準は、技術や知見を体系的にまとめた基準と、実施項目に抜けがないか判断する基準の両方を整備することである。また、それぞれの製品に固有の製品別設計基準書と、製品が異なっても共通する基本設計基準書を共に備えなければならない。

[6] DRと決裁会議（6番目の設計力要素）

量産設計における7つの設計力要素のうち、6番目はDRと決裁会議です。すなわち、検討・議論、審議・決裁の取り組みとなります。以下、検討・議論の取り組みを**デザインレビュー**（DR）、審議・決裁の取り組みを**決裁会議**と呼ぶことにします。まず、デザインレビューを解説し、その後、決裁会議を取り上げます。

(1) デザインレビュー（DR）

デザインレビュー（DR）はその役割をきちんと理解し、DRと決裁会議を分ける必要があります。その上で、DRの実施要領を押さえておくことが大切です。

DRの役割（定義）

DRの役割は2つあります。

（i）他の6つの設計力要素の活動結果への**気づき**の場（図4-18）：量産設計で、ここまで詰めたが何となくすっきりしない課題への気づきや、検討抜けや検討不十分な所への気づきを得る場*30。

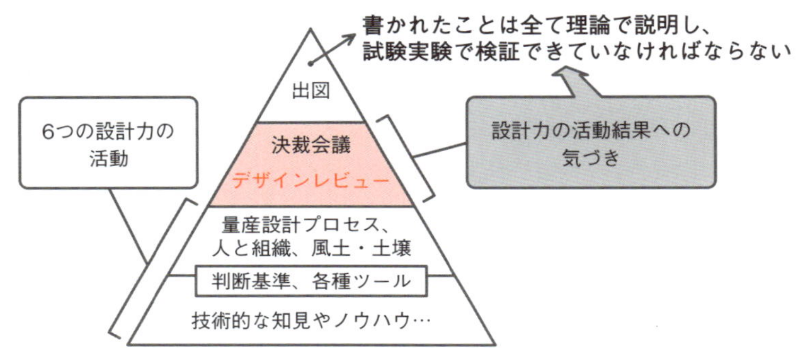

図4-18●DRの役割は総知・総力によるブレークスルー
（出所：ワールドテック）

（ii）気づくために、**総知・総力**を注ぐ場：参加した全員が知恵を総動員する場*31。

これら2つの役割から導かれる**DRの定義**はそれまでに行われた設計力の活動結果に対し、DRという限られた時間と場所で行われる総知・総力（＝設計力）の活動です。

*30　設計プロセスは抜けなく実施されてきたか、職場の技術的な知見は抜けなく盛り込まれているか、CAEなどのツールは適正に活用されたか、設計基準などのレベルは高く、かつ有効に使われたかなどを振り返り、活動結果に対する気づきを得て検討・議論する場である。より多く気づくことで、設計段階のアウトプットの「あるべき姿」、すなわ

ち「図面に描かれたことは全て理論で説明し、試験実験で検証できなければならない」（第4章6；p.265参照）という姿に近づくことができる。

ここでいう気づきとは、残された1～2％の課題を見つけて解決するためにある。イメージを伝えるなら、「この課題を一生懸命検討してきたがすっきりしない」「この点をどうしても詰め切れない」「全ての課題をクリアしたつもりだが抜けはないだろうか」といったところまで進んだ段階での話だ。

設計者は100％やり遂げたと思いがちだ。ところが実際には気づかない点が多数ある。「過去の失敗事例を反映することを忘れている」「曖昧な環境把握のままである」「設計変更時の他部品への影響を検討し忘れている」「評価条件が不十分である」といった具合だ。

＊31　100％を目指した気づきには、それまでとは異なる1ランク高い取り組み、すなわち**ブレークスルー**（Breakthrough）が必要だ（**図4-E**）。気づきはそのためにある。

しかし、ブレークスルーを促す気づきは簡単ではない。そのため、DRではその場にいる全員が持つ力を全て注がなければならない。設計、品質保証、生産技術、生産、企画、購買など各部門からの出席者が、それぞれの立場で専門家としての意見を戦わせ、議論を深めることが大切だ。すなわち、参加者全員の「総知・総力」が必要なのである。

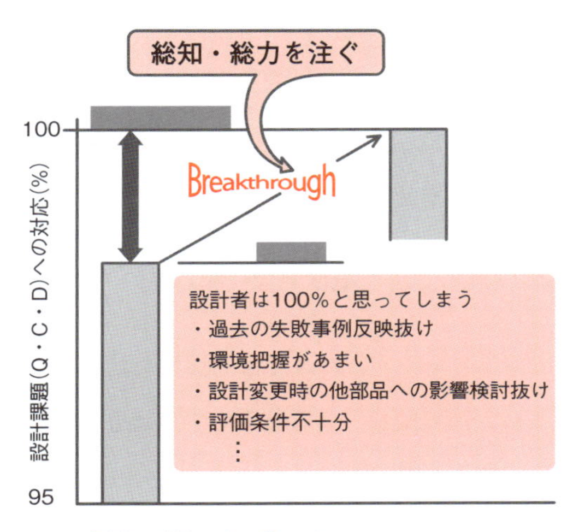

図4-E ●総知・総力によるブレークスルー
（出所：ワールドテック）

(2) DR と決裁会議は分けることが望ましい

DR と決裁会議は分けることが望ましいといえます。なぜなら、区別しなければ多くの場合、DR のつもりが、気がつくと決裁の場となってしまうからです。

先に DR は総知・総力を注ぐ場と定義しました。総知・総力を注ぐには、参加者全員が意見を戦わせ、議論を深めることができなければなりません。

ところが、日本企業の DR の典型的な様子はこうです。DR に出席したメンバーの中で最上位の職位の社員が一方的に発言し、設計担当者が冷や汗をかきながら平謝り。そして、他の参加者は押し黙ったまま早く終わらないかと傍観している——。

これでは DR ではなく、上司への報告の場です。技術的に深みのある議論ができないため、顕在化している課題であってもなかなか解決に導くことができません。ましてや、潜在的な課題への気づきには至らないことは言うまでもありません。

(3) 定義から導かれる DR の基本的な仕組み

DR では単に関係者を集めただけでは期待した効果は得られません。このことは多くの人が経験しているはずです。効果を得るためには工夫された仕組みが必要となります。それは、DR のルールをきちんと決め、しっかりと実行することです。

DRの仕組みの6つの構成要素

DRの仕組みを構成する6つの要素は以下のようになります。

①DRの種類と実施タイミング

②議論する項目

③項目の内容

④メンバー構成と役割

⑤運営

⑥水平展開

DRの構成要素に設計力を反映する

DRは「DRという限られた時間と場所で行われる設計力の活動」なので、設計力を踏まえた仕組みを決めなければなりません（図4-19）。

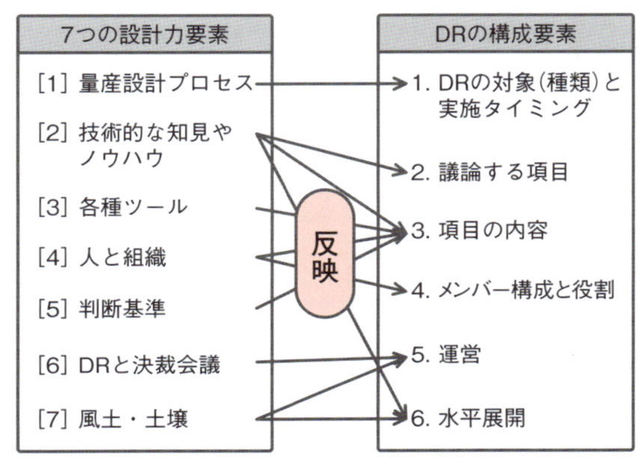

図4-19●DRは設計力を踏まえた仕組み
（出所：ワールドテック）

(4) DRの仕組みの詳細

設計力を踏まえた6つのDRの仕組みを順に解説しましょう。

① DRの種類と実施タイミング

DRは設計力の活動結果への気づきの場であることから、設計力の活動の節目ごとに存在します。設計力の活動の節目には大きな節目と小さな節目（大きな節目と節目の間の要素作業ごとにある節目）があります（図4-20）。

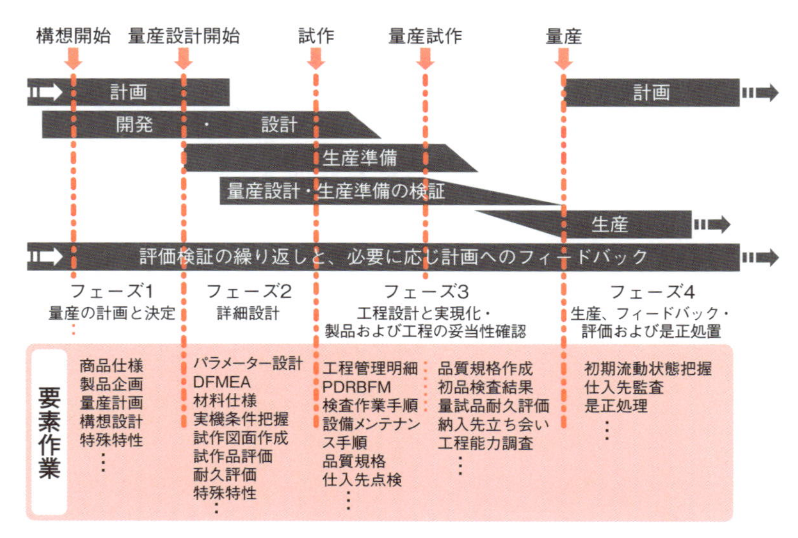

図4-20●大きな節目と要素作業
（出所：ワールドテック）

設計力活動の大きな節目の節目 DR

設計力の活動の**大きな節目**は、構想設計（フェーズ 1）から詳細設計（フェーズ 2）への移行時、詳細設計から量産準備（フェーズ 3）への移行時、量産準備から生産開始（フェーズ 4）への移行時のそれぞれのタイミングで存在します*32。従って、大きな節目の DR（節目 DR）は、フェーズ 1〜3 の出口に設定しなければなりません。節目 DR は、順に 1 次 DR、2 次 DR、3 次 DR です。

*32 ここでは節目を 4 つに分けたが、会社によっては、細かく分けて 1 次、2 次、……、5 次であるかもしれない。または、A、B、……、F であるかもしれない。ドイツ自動車工業会の品質マネジメント規格（VDA）や米国自動車工業会（AIAG）の品質マネジメント規格〔先行製品品質計画（APQP)〕管理ではフェーズの数が異なる。
なお、APQP のゲート管理と本書で説明する節目管理体系とは次のように対応しており、互換性（compatibility）がある。
節目管理体系 1 次⇔ APQP 1
節目管理体系 2 次⇔ APQP 2
節目管理体系 3 次⇔ APQP 3 および 4 に相当
節目管理体系 4 次⇔量産開始直後の特別管理の期間であり APQP 5 の中に含まれる。ただし、APQP では節目管理体系 4 次に相当するステージ（実施事項）は明確になっていない。

要素作業ごとの個別 DR

大きな節目の間に**要素作業**があります（図 4-20）。それぞれの要素作業に区切りがついたところで、それぞれの内容について DR を実施します。

節目 DR で大きな気づきがあると、大きな手戻りにつながりかねません。それまでの活動がムダになり、設計スケジュールの遅れも発生します。そのため、要素作業ごとのDR（個別DR）を行えば大きな手戻りを防ぐことができ、設計内容の質の確保やレベルの向上を図れます。

DRは階層構造から成る

節目DRと個別DRは**「V」字形モデル**の階層構造で表せます。図4-21に示す通り、V字の左側に構想設計（フェーズ1）と詳細設計（フェーズ2）を、右側に工程設計（フェーズ3）と工程の妥当性確認（フェーズ4）*33 を割り振っています。それぞれの出口に節目DRがあり、その中に個別DRが存在します。

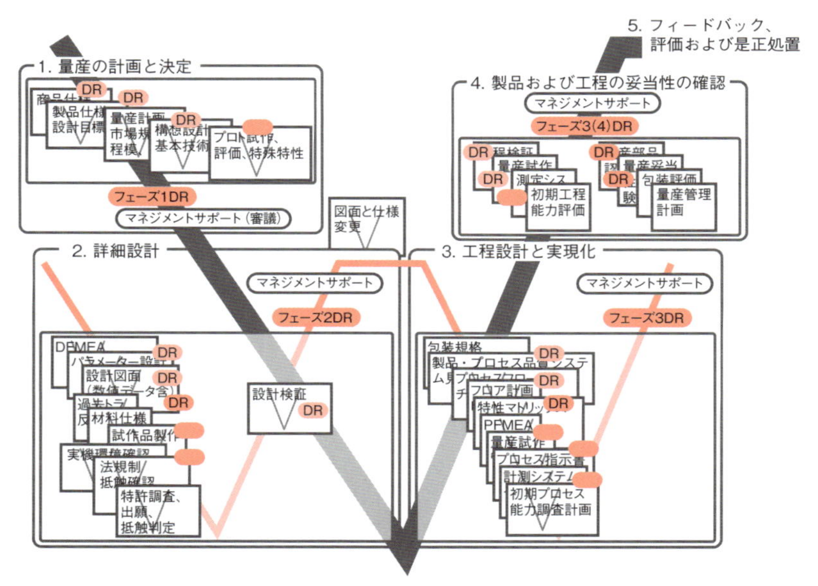

図4-21 ●DRは階層構造から成る
（出所：ワールドテック）

これら節目DRと個別DR（個別検討会）が第4章4.2.[1]（p.170）で

取り上げたマネジメントプロセスです。このマネジメントプロセスを基本プロセスとサポートプロセスのタイミングに合わせて配置したものが設計プロセスとなります（第4章4.2.[1]；p.169参照）。

＊33　生産準備段階を「工程設計（工程設計と工程準備）」と「工程の妥当性確認（量産試作で工程の妥当性確認）」の２つのフェーズに分け、それぞれをフェーズ３、フェーズ４とした。

DRを基本プロセスとサポートプロセスのタイミングに合わせて配置

DRは基本プロセスとサポートプロセスのタイミングに合わせて配置します。

フェーズ1：事業計画検討会、構想検討会→1次DR

フェーズ2：過去トラブル（過去トラ）検討会、DFM（製造性考慮設計）検討会（図面検討会）、DRBFM（Design Review Based on Failure Mode）検討会、製品監査規格検討会、専門分野別検討会、設計検証検討会、仕入先DR、特殊特性検討会→2次DR

フェーズ3：製品監査規格検討会、量試結果検討会、量試品妥当性確認検討→3次DR

なお、節目DRは決裁会議とセットで行います。決裁会議との組み合わせを図4-22に示します。なお、これら全てのDRを実施するか一部のみとするかは、製品の管理ランクによって決定されます（第4章4.2.[1]；p.177参照）。

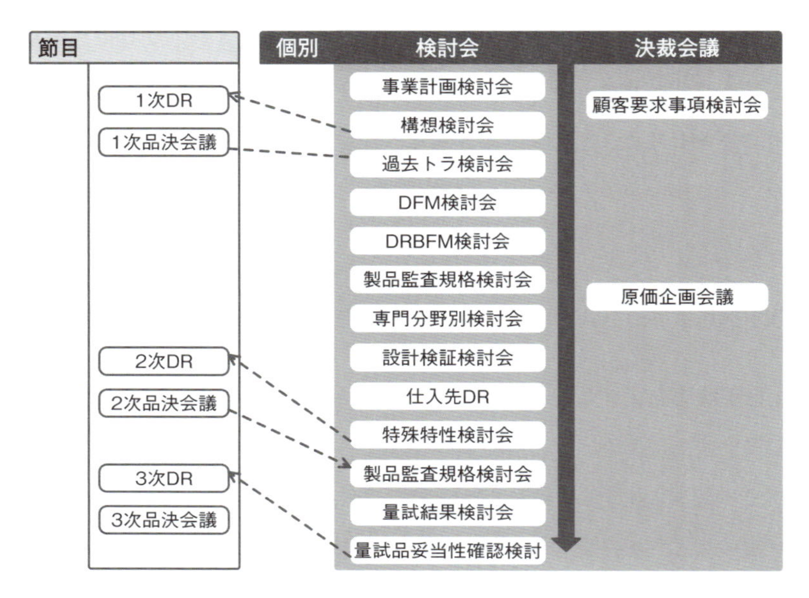

図 4-22 ●節目 DR および個別 DR と決裁会議の組み合わせ
（出所：ワールドテック）

②議論する項目

DR の種類とタイミングが決まったので、次は DR を構成する 6 つの要素の 2 番目、すなわち**議論する項目**を取り上げます。

それぞれの DR では、議論すべき項目を決めておきます。担当者や担当職場に任せると、議論すべき項目の抜けや偏りなどが生じます。すると、DR の役割である、残された 1～2%の課題を見つけて解決するための気づきを得ることが難しくなります。

特に、**節目 DR** は、そのフェーズで取り組んできた設計活動全体への気づきの場です。従って、議論の対象は多岐に及びます。議論する項目

(準備するもの)を決めておく必要があります(表4-4)。DRの要領書でルール化するとよいでしょう。節目DRで準備すべきものは次の通りです。

表4-4●節目DRで準備するもの
(出所:ワールドテック)

担当	1次DR	2次DR	3次DR
企画	・商品企画書 ・事業採算検討書		
設計	・製品企画書 ・製品仕様書 ・開発日程表 ・1次DR資料(技術課題、特許、法規制、競合…)など	・承認図 ・試作図面一式 ・DRBFM ・製品ボード ・カットサンプル ・2次DR資料 ・試作品評価結果など	・量産図面 ・1次DR以降変更ある場合の処置 ・カットサンプル(1次準備品転用)
品質保証			・品質規格書 ・初品検査結果 ・量試耐久試験結果 ・部品購入先点検表 ・納入先組み付け工程立ち会いチェック表など
製造			・工程管理明細表 ・検査作業手順書 ・設備メンテナンス手順書 ・設備生産能力 ・工程能力など
関係部門		・個別検討資料(システム、材料、加工…)	・個別検討資料(必要に応じて用意)

1次DRで準備するもの

1次DRでは、構想段階の取り組みを議論します。具体的には、商品の将来性や、売り上げ、利益予測、主な製品仕様(設計目標値)の設定、構想図、基本機能・性能を達成するための技術的対応方法、競合企業に対する優位性、特許マップなどを議論します。

準備するのは、商品企画書や事業採算検討書、製品企画書、開発大日程表（ターゲットとする量産時期を踏まえた主要イベント日程）、製品仕様書、技術検討資料、競合製品と動向調査結果、特許出願計画などです。これらの資料は1つの資料（1次DR資料）にまとめることが望まれます[*34]。加えて、その資料には**ストーリー性**（全体を俯瞰し、個々は詳しく）を持たせることが大切です。準備を担当する部署は、設計と企画です。

＊34　DRの限られた時間で気づきを得るには、参加者全員が内容を理解しなければならない。そのためには、理解しやすい資料を準備する必要がある。理解しやすい資料とは、個々の資料をそのまま使わずに、それぞれの内容をストーリー性のある1本の資料にまとめたものだ。構成に流れがある資料は読み手に理解を促すからである。

1次DR資料の構成

1次DR資料の構成は以下の通りです。

①上位システム概要：システムにおける対象製品の役割

②システム動向と対象製品の動向：製品市場規模の見通し

③製品基本コンセプト：競合企業に対して優位性を確保する仕様と根拠

④製品仕様：機能や性能、信頼性、コストなどの設計目標値

⑤構想設計：構造概要、ネック技術と対応策、コスト見通し

⑥安全設計：トップ（TOP）事象（発生してはならない事象）回避への対応策

⑦基本特許調査：特許・商標抵触判断、出願計画

⑧開発体制：ネック技術対応策で関連部署や専門メーカーとの連携

⑨開発大日程：量産開始までの主要イベント日程

⑩市場サービス体制（必要に応じて用意）

なお、この1次DR資料には、いくつかの環境因子として、市場動向や法規制、競合（企業、または製品）、特許・商標などがあります。これらリスクキーワードは、いろいろな角度や切り口から考察し、検討抜けがないようにしなければなりません。そのための1つの方法は、**環境因子検討シート**をチェックしながら進めることです（表4-5）。この環境因子検討シートは2次DRでも使用できます。

表4-5●環境因子検討シート
（出所：ワールドテック）

NO.＋A6:D A6:D17	調査項目	実施の時期	調査内容
1	競合製品		競合他社製品の機能・性能・コスト等の調査
			異業種分野の同じ目的で使用されている他社製品の調査
			当社から材料、部品を購入していたユーザーが内製化する動き
			当社へ材料、部品を供給していたメーカーが当社製品に参入する動き
			新規採用の材料・部品メーカーの安定的な供給
2	法的規制		安全上の規制強化の働き
			製造、使用環境部[illegible]規制強化の動き
3	特許		

2次DRで準備するもの

詳細設計段階のアウトプットを議論する場なので、図面や試作品、資料など多くの準備が必要です。準備を担当する部署は設計と専門部署です。

2次DRで準備するものは次の通りです。

①承認図：顧客の承認を得た図面

②試作図面一式：アセンブリー（assembly）、サブアセンブリー（sub-assembly）、組み付け図、部品図、仕様書など一式

③ DRBFM、もしくはFMEA

④**製品ボード**：製品を構成する部品を組み付け順序が分かるように掲示したボード

⑤カットサンプル：内部構造が分かりやすいもの

⑥ **2次DR資料**：詳細設計をまとめたもの（資料の構成は以下に示す）

⑦試作品評価結果：初期性能、耐久後性能、耐久済み品の内部精査結果など

⑧各種チェックシート：変化点気づきシート、トラブル予測シート、設計-製造部門相互補完シート

2次DR資料は具体的な設計内容をまとめたものです。従って、参加者の気づきを得るには、資料に抜けがなく、分かりやすくまとめられていることが非常に大切です。そのためには1次DRの資料と同じく、ストーリー性を持たせてまとめなければなりません。ストーリー性を持たせた2次DRの資料構成はこうなります。

2次DR資料の構成

2次DR資料の構成は以下の通りです。

①**システム構成**と製品の役割：システムの新規性、他の構成部品との関

連機能など

②**システム動向**と製品の動向：システムの動向見極めと生産数量の見通し

③**開発大日程**：システムとリンクした開発スタートから量産までの生産計画

④**設計目標値**と**設定根拠**：コスト、機能、性能、体格、耐久性能など。設計目標値はその根拠を記載することが大切

⑤設計目標値の**変化点**と**開発課題**：新規点や変化点に対する開発課題を見極める

⑥開発課題への**設計対応策**：新たな技術を使うのか従来技術の延長上で行うのか、材料変更で対応するのか、CAE 解析で最適な諸元を導き出すのかなど、設計対応策を明確にする

⑦対応策ごとの設計検討結果：対応策ごとの安全率や余裕度を理論的かつ定量的に示す

⑧**安全設計**：システムおよび製品のフェールセーフや冗長性確認、および**特殊特性管理項目**の見極め

⑨試作品初期性能の確認結果：設計目標値の機能や性能に対するばらつきの結果

⑩**耐久評価項目**：耐久評価項目と項目設定の考え方、および評価条件とその根拠

⑪耐久評価結果：耐久済み品の機能・性能および分解精査結果、問題点がある場合は対応計画

⑫特許出願と抵触確認結果：特許出願状況と抵触確認結果

⑬法規制該当有無確認結果：法規制への該当の有無と処置

⑭目標値達成状況：未達成項目があれば対応計画

なお、専門部署からの材料や加工についての指摘は、専門部署から設計者がDRまでに受け取り、2次DRの場で対応結果を設計者が説明する。

2次DR用設計チェックシート

2次DR用設計チェックシートを表4-6に示します。次の3つがあります。

表4-6●2次DR用設計チェックシート
（出所：ワールドテック）

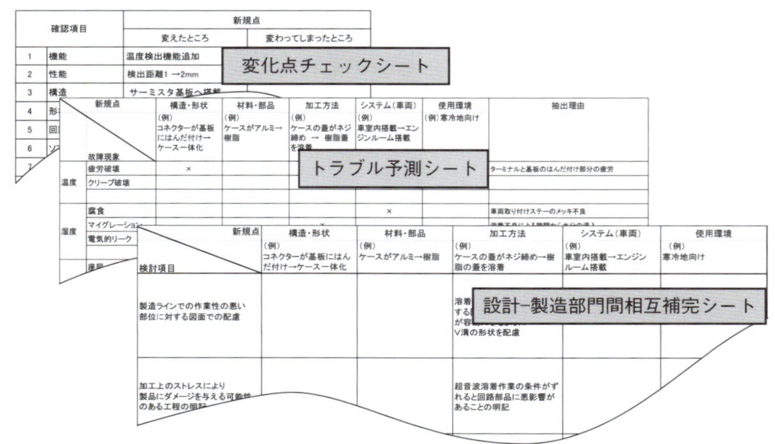

①**変化点チェックシート**：変化点には、変えた所と変わってしまった所の2つがある。それぞれを抜けなく抽出するためのシート。

例）変えた所は形状や材質……、変わってしまった所は温度や振動……。

②**トラブル予測シート**：変化点に関係する故障モードを抽出するためのシート。横の欄に対象製品の変化点を、縦の欄にはその職場が持っている故障モードの知見を示す。変化点に関係する可能性がある故障モードをチェックする。

例）横の欄に回路基板のケースを金属から樹脂へ変更とあると、縦の欄のEMC（電磁両立性；Electromagnetic Compatibility）やウエルド割れなどにチェックを入れる。

③**設計-製造部門間相互補完シート**：設計と製造部などの間で、図面に反映すべきことや製造条件に反映すべきことなどを書面で取り交わす。「言った」「聞いていない」の投げ合いを防ぐ。

例）製造から設計へ：超音波溶着時にカバーがずれないように位置決めの突起を付ける。

設計から製造へ：超音波溶着条件が変わると回路部品へ悪影響するので、変更時は設計の了解をとる。

3次DRで準備するもの

3次DRは量産品の出荷可否について検討課題や問題点を議論する場です。従って、3次DRの準備を担当するメインの部署は、品質と製造部署となります。

設計部署が用意するもの

3次DRで設計部署が準備するものは次の通りです。

①量産図面：アセンブリー（assembly）図、サブアセンブリー（sub-

assembly）図、組み付け図、部品図、仕様書など一式
② 2次決裁会議で残された課題があれば、その処置
③ 2次決裁会議以降に設計変更があれば、変更内容と変更に関する設計検討の結果：必要に応じて変更点についてのDRBFM

品質部署が用意するもの

品質部署が用意するものは次のようになります。
①**品質規格書**：量産図面の仕様書に基づき、初期機能・性能評価項目と判定値、耐久評価項目と評価条件および判定値を設定する。これらの設定は量産図面の仕様書を基に品質専門部署としての知見を反映して設定している必要がある*35。
②量試品検査結果：初期機能・初期性能確認結果
③量試品耐久試験結果：量産ラインで生産した量試品を品質規格書に基づいて耐久評価試験で評価した性能結果。耐久済み品の分解精査の結果。
④**購入部品購入先点検結果**：仕入れ先の品質取り組み点検結果をまとめたもの。品質への意識や品質目標、製造ラインの品質活動、異常処置などが点検対象（表4-7）。
⑤**納入先組み付け工程立ち合い結果**：納入先での組み付け工程に立ち合い、組み付け工具や組み付け工程でのストレス、他部品との干渉、組み付け作業中の部品落下などを確認する。

表 4-7 ●3 次 DR 用の納入先や仕入れ先立ち会いチェックシート
(出所：ワールドテック)

購入部品購入先点検表
(記入例)

(工場)

作成 部 課

購入部品購入先点検結果（例）

点検のポイント	結果（感想）	点数（5点満点）2点以下要処置	処置（指導内容）	購入先フォロー予定（　月　日）
・仕入れ先での「品質重視」「品質優先」等の呼びかけ掲示や、全社的な品質行事が計画的に行なわれており、社員への品質意識高揚活動が熱心と思わ…	・「品質で信頼を勝ち取る」等の掲示が目立つ箇所にあって、品質優先の意識が感じられる。	4		
・会社トップ… いるか。				
・該当部品の…				
・該当部品担… を推進して…				
・作業者の品… （5S、ル…				
・改善活動（…				
・工程管理状…（管理図、…				
・作業者教育…				
・変更、非定…				
・異常の定義…				

製品名

納入先組み付けライン立ち会いチェック表（記入例）
(実施日　年　月　日)

納入先　　　工場

作成 部

納入先組み付け工程立ち会い結果（例）

確認項目	結果	処置	備考
1．組み付け工具	問題なし（標準化された工具使用）		
2．組み付け作業の容易性	ボディー側のハーネスとの勘合作業がメクラ作業になり勝ちになる。	メクラ作業にならないように、又勘合の際にカチッと音がするのでその音を確実に確認するように指導の徹底をお願いした。	
3．組み付け作業でのストレス（機械的、熱的、化学的）	工具で当該部品のブラケットをボディー側に締め付けており、組み付け時のストレスは問題なし		
4．他部品との干渉	問題なし		
5．組み付け作業中の部品落下	部品を手持ちして作業をするために落下させる可能性がある	特に通函からの取り出しの際に部品が持ちにくいので落下させる可能性があり、作業者への指導をお願いした。なお、別途通函内部の仕切り板の形状変更は弊社で検討する必要あり。	生産管理課に検討を指示済み

＊35　品質規格書に反映すべき品質専門部署としての知見には次のようなものがある。
・初期性能判定値は、マージンを見込んで仕様書よりも厳しい値にする。
・耐久評価の供試数の設定を行う。その数は経験に基づく判断が重要で、品質専門部署の力が試される。
・耐久評価条件を仕様書よりも厳しくする。
・「いじわる評価試験」を追加する。例えば被水の可能性があれば、通常の散水試験以外に高圧洗車水を製品にかける。
・限界耐久試験。壊れ方を確認する。

製造部署が準備するもの

製造部署が準備するものは次のようになります。

①生産準備結果：生産ラインの構成、必要人工、設備投資額、組み付け

工数、サプライチェーンなど

②工程診断結果：工程能力、工程不具合流出防止策、QAネットワーク（不良品の流出を防止する手法）など

③工程管理明細表：工程順や各工程別に必要な加工部材や設備、加工条件などを定めたもの。いわゆる「製造部門の図面」で、ISO（IATF16949）ではコントロールプランと呼ばれている管理表に相当する。

④検査、作業手順書：生産ラインの具体的な作業を表した作業、検査マニュアル、設備メンテナンス手順書

⑤工程能力結果：各工程の工程能力（Cp；工程のばらつきである6σと規格幅を比較したもの、Cpk；平均値が規格の中心値からどれくらいずれているかを考慮したもの）の確認結果

⑥設備生産能力書

⑦製品ボード：量産試作品を構成する部品を、組み付け順序が分かるようにボードに掲示する。

各節目DRで議論すべき項目のチェックシート

各節目DRは、上述の準備の下に議論する。DRの場で議論する項目に抜けがないように、参加者がチェックシートで議論すべき項目を確認しながらDRを進めることが望ましい。**1次DRチェックシート**は表4-8、**2次DRチェックシート**は表4-9、**3次DRチェックシート**は表4-10である。

最後に補足しておく。ここでは節目DRで議論すべき項目を取り上げ

表 4-8 ●1 次 DR チェックシート（議論すべき項目が抜けなく取り上げられたか）
（出所：ワールドテック）

議論すべき項目	準備担当	チェック
1. 対象製品（以下製品）の使われるシステム概要	設計	
2. システムとそれに伴う製品の動向および製品市場規模動向（生産台数・売上見込み推移）	設計・企画	
3. 製品基本コンセプト ・差別化の基本要素 ・基本要素への競合・顧客の動向	設計	
4. 製品仕様ー目標値と根拠 ・機能 ・性能 ・信頼性 ・体格 ・安全 ・インターフェース ・法規制 ・倫理性 ・コスト 他	設計	
5. 構想設計 ・構造概要 ・開発課題への基礎検討結果 ・安全設計、TOP 事回避の方針 ・信頼性、主な評価のポイント ・コスト概算	設計 設計・企画	
6. 基本特許調査	設計	
7. 開発体制	設計	
8. 開発大日程	設計	
9. 市場サービス体制	サービス	

たが、2 次 DR は ISO（IATF16949）規格の**設計・開発の検証**（Design and Development Verification）に、3 次 DR は**設計・開発の妥当性確認**（Design and Development Validation）に相当する。

「検証」とはアウトプットがインプットの要求を満たしていることを審査すること。「妥当性確認」とは製品が結果として意図した要求を満たしているかどうかを審査すること。つまり、試作段階で確認するのは

表4-9●2次DRチェックシート（議論すべき項目が抜けなく取り上げられたか）
（出所：ワールドテック）

議論すべき項目	準備担当	チェック
1. システム構成と製品の役割 （システムの新規性、他の構成部品との連携機能など）	設計	
2. 要求仕様と設計目標値および設定根拠 （コスト、機能、性能、体格、耐久性能など）	設計	
3. 設計目標値の従来からの変化点と開発課題	設計	
4. 開発課題への設計対応策 （パラメーター設計、過去トラの反映、実車確認など）	設計	
5. 対応策ごとの設計検討結果 （安全率・余裕度とその根拠、FMEAの結果など）	設計	
6. 安全設計 （システムおよび製品のFTAによる冗長性確認と重点管理見極め）	設計	
7. 試作品初期性能の確認結果 （電気的性能、機械的性能、工程能力など）	設計	
8. 耐久評価項目 （耐久条件とその根拠など）	設計	
9. 試作品耐久評価結果 （問題点と対応計画など）	設計	
10. 特許出願と抵触確認結果	設計	
11. コスト、性能等の目標値達成状況 （問題点と対応計画など）	設計	
12. 法規制該当有無確認結果 （問題点と対応計画など）	設計	

Verificationで、量産用の本型・本工程（仕入れ先の工程を含む）で確認することがValidation。すると、2次DRはVerificationで、3次DRは主にValidationということになる。なお、APQP管理体系ではAPQP 4がValidationのステージとなる。

③項目の内容

節目DRは内容が重要です。気づきを得るために、このDRの場では

表 4-10 ●3次 DR チェックシート（議論すべき項目が抜けなく取り上げられたか）
（出所：ワールドテック）

議論すべき項目	準備担当	チェック
1. 初期性能、耐久性能評価結果 工程能力 分解チェック 断面カットなど	品質保証部	
2. システム取り付け状態確認結果 取り付け作業の容易性 取り付け時ストレス 他部品との干渉など	品質保証部	
3. システム評価終了品の調査結果 性能確認 システム耐久品精査 取り付け状態でのストレス影響度確認など	品質保証部	
4. 生産準備結果 設備能力 作業標準類 作業者教育 工程能力調査 量試での不良発生状況 工程診断 QA ネットワークなど	製造部	
5. 部品仕入れ先工程確認結果 工程管理状態 作業者教育 品質意識など	品質保証部	

議論しなければならない項目を抜けなく伝えます。かつ、何をどこまで、どのように取り組んできたのかを抜けなく伝えます。議論すべき項目は前項で取り上げました。内容はそれぞれの製品で異なりますが、DR 資料を作成する際には留意すべき点があります。

DR 資料の作成時の留意点

DR 資料を作成する際の留意点は以下の通りです。

①表紙は、管理ランクを示す：議論しなければならないことを抜けなく

目次に表す。前項で示した議論すべき項目を書く。TOP 事象とその処置を示す（TOP 事象へのフェールセーフなど）。

②上位システムは、関係するところを抜き出して分かりやすく描く：システム図をそのまま貼り付けない。

③製品の動向は、可能な限り定量的に表す：ロードマップのイメージで描けるとベスト。

④開発日程は、顧客の開発スケジュールとの整合性が分かる表現とする。

⑤開発目標値は、定量的な根拠をできる限りグラフで描く：ベンチマークを踏まえるとベスト。

⑥基本方式選定は、他の方式との星とり表を示すこと。

⑦構造は、従来品からの変化点が一目で分かるように比較図などを工夫する。

⑧開発課題は、まず対応策を明確にする。

⑨対応策ごとの設計検討は、全ての要因を抽出し、それぞれの要因に対して理論と試験実験の検証結果を踏まえて安全率・余裕度を説明する。

⑩安全設計は、上位システムから対象製品への影響と、対象製品の上位システムへの影響、そして両面から検討した結果を示す。

⑪耐久評価は、評価条件の考え方や根拠を述べる。

⑫特許は、抵触可能性あれば処置を必ず示す。

さらに、全体を通して次の点に注意しましょう。

①資料は定量的であること。

②生データから普遍的に言えることを描く：生データだけの資料としな

い。

③全ての資料は、根拠を伝える資料であること。

④グラフや図表で描くこと。

⑤1つの項目は、できる限り1枚で表現する：課題や理論説明、試験実験結果、耐久評価結果などを1枚に表せるとベスト。

DR資料のレベルは、設計者や設計職場のレベルを表します。DR資料の作成にしっかりと取り組むと、設計者や職場のレベルが上がります。

④メンバー構成と役割

メンバーは、出席が必須の人と議長が指名する人で構成されます。管理ランクごとに構成メンバーを決めておくとよいでしょう。例を表4-11に示します。また、メンバーと役割については以下の通りです。

表4-11●DRの参加メンバー
（出所：ワールドテック）

2次DRの（例）

管理ランク	事業部長	企画	設計					品質	製造			購買	関係部門	
			部長	課長	係長	担当	専門委員		生産技術	生産	検査		システム部門	要素技術専門部門
S	○	○	○	★	☆	○	○	○	○	○	○	△	△	△
A	△	△	○	★	☆	○	○	○	○	○	○	△	△	△
B		△	○	★	☆	○	○	○	○	○	○	△	△	△
C			〔	○	★	○	○	△	△	△	△	△	〕	

（必要に応じ実施）

★ 議長
☆ 書記
○ 出席必須
△ 必要に応じて議長が出席者を指名

※3次DRの議長は製造部門生産技術課長。係長、他メンバーは1次に準ずる。

メンバー

・必須メンバー：設計・品質・生産技術

・指名メンバー：企画・生産・検査・購買・関連部門（システム部門・要素技術専門部門）必須メンバーも指名メンバーも出席する職位は管理ランクごとに決めておく。

役割

［**議長**］司会者として検討会の進行を行う。ただし、決裁者ではない（第4章4.2.[6]；p.222参照）。設計課長（もしくは係長）が担当する。ただし、3次DRは生産技術課長（もしくは係長）が担当する。

［事務局］議長が取り上げた内容を議事録としてまとめる。設計係長（もしくは担当者）が担当する。ただし、3次DRは製造部門の生産技術係長が担当する。

［**専門委員**］専門委員のうち、自身が担当している製品間の共通技術が該当する場合に出席する＊36。

＊36　専門委員は、製品間に共通する技術の専門家として参加する。第4章4.2.[2]（p.199）で取り上げたように、量産設計に必要な製品間の共通技術は幅が広い。設計者は製品固有の技術を深く深く究めなければならないが、要素技術全てに詳しくなることは難しい。それをカバーする方法として専門委員を設ける。係長レベルの設計者1人ひとりにその職場に必要な要素技術を割り振り、専門家として指名する。専門委員には自分の担当の要素技術が関係するDRへの出席を義務づける。最初は専門家としての知見を持ち合わせていなくても、1年もするとDRで意見を言えるレベルになる。費用をかけずに設計担当者と職場の両方の技術力が向上する。
　専門委員は3つの役割を担うことができる。品質不具合の「発生防止」と「流出防止」、「知見の積み上げ」である。順に、設計者から技術相談を受けることで、設計要因の不具合発生を防止する。DRの場で設計の検討抜けや検討不足を指摘し、不具合の流出を防

ぐ。専門委員の活動を通して得た新たな知見を設計基準や過去のトラブル集などに反映し、知見集を最新の状態に維持する。

⑤運営

DRの運営では、開催案内と資料の事前配布、当日の役割、実施時間/場所について注意します。以下の通りです。

開催案内

DRの**開催案内**では、DRの対象製品の管理レベルなどの情報を記載します。具体的には、○○○製品□次DR、開催日時、場所、事前資料配予定日、対象製品品番、管理レベル、客先メーカー名、搭載システムなどを記します。

資料の事前配布

DRの資料は、できれば3日前には参加者に配布します。参加者は資料を事前に読み、疑問点や気がついた点などを整理しておきます。どうしても3日前までに配布できない場合は、開催の前日の参加者が帰宅する前までに配信します。参加者は詳しく読まなくても構いませんが、ざっと目を通しておく必要があります。DRの場で初めて資料を見るよりも理解が深まるからです。

当日の役割

DRに参加する者の当日の役割は次のようになります。

・**議長**：提案された内容について、修正か再検討か却下すべきかを中立的な立場で判断する。多くの人から意見を引き出すことが大切。参加者を指名して意見を言わせるなどの工夫を施す。決裁の場にならないように、参加者ができる限り対等な立場で技術的な議論を行う雰囲気となるように進行に気を配る。

・説明者：資料などを作成した部門が担当する。参加者が理解しやすいように意識しながら説明する。

・事務局：設計係長か担当者が務め、議長が取り上げた内容を議事録にまとめる。

・参加者：参加者は問題が発生すれば連帯責任となるという意識をもって臨む。また、積極的に意見を発言することが大切。

実施時間/場所

DRを実施する時間と場所についての注意事項は次の通りです。

・時間：管理ランクとDRが1〜3次のいずれであるかの両面から判断して決めるが、3時間/回が目安。終わらなければ日を変えて繰り返す。

・場所は、職場から離れた会議室。できればオフサイトと呼べる場所が望ましい。

⑥水平展開

DRで得られた新たな知見は貴重な技術財産です。職場内や企業内で共有しなければなりません。次の点に気をつけましょう。

・設計基準などの製品固有の基準類、製品間共通の技術基準類、失敗事例集など横断的な知見集へ反映する（第4章4.2.[5]；p.215参照）。

・判断基準の実車環境チェックシートや試作品評価チェックシートなどの判断基準のチェックシートへ反映する（第4章4.2.[5]；p.215参照）。
・大きな品質不具合の気づきがあった場合は、全社で同様の不具合の可能性がないか、速やかに展開（確認）する。

(5) 個別検討会

DRは、節目DRと**個別検討会**の階層構造から成ることを第4章4.2.[6]（p.224）で述べました。ここから個別検討会について解説しましょう。

種類とタイミング

個別検討会は、1次DRまでの間と、1次DRと2次DRの間、2次DRと3次DRの間に存在します。具体的な種類（第4章4.2.[6]；p.224参照）と実施タイミングの例を図4-23に示す。

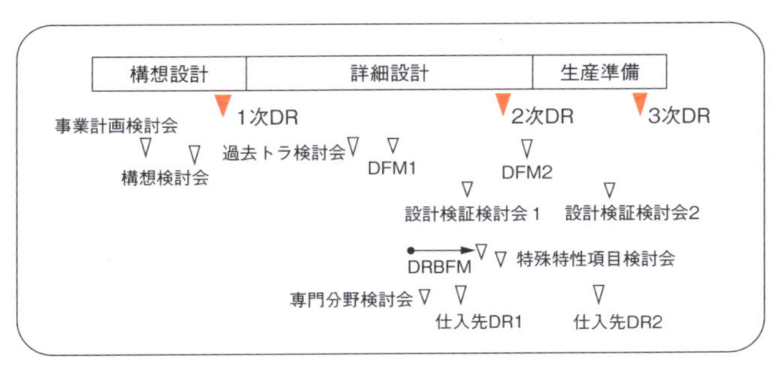

図4-23●個別検討会の種類と実施タイミング
（出所：ワールドテック）

内容

個別検討会の内容を順に解説しましょう。

①事業計画検討会

事業計画検討会は、構想設計の初期段階で、製品の将来性、事業規模、技術対応力、開発体制などを議論します。具体的には次の通りです。

・システム把握：商品が使われるシステムの把握と商品の役割。
・システム動向：対象システムは有望なシステムか、技術トレンドを踏まえて他のシステムへの置き換わりの可能性など。
・商品仕様：顧客の需要・うれしさ、システム上必要とする機能・性能など。
・市場規模：5年後、10年後の市場規模予測。
・競合状況：国内外の競合企業とシェア。
・必要技術：現行の基盤技術で対応できるか、ネック技術への対応は十分か。
・開発体制：必要技術を踏まえて開発メンバーや提携企業など検討。
・開発費：量産出図まで、また生産準備完了までの費用の見込み。
・量産開始時期：顧客のスケジュールを基に、自社の開発力を踏まえて量産開始目標時期を設定。
・売り上げ予測：他社への展開も踏まえて5年後、10年後の売り上げを予測。

②構想検討会

構想検討会は、事業計画検討会を受けて、製品仕様の設定や、製品仕様を達成するための構想図、構想図を踏まえた基本機能・性能を達成するための技術的対応方法と見通し、競合企業に対する優位性、売り上げと利益予測などを議論します。具体的には次の通りです。

・システム概要と製品の役割

・故障した場合にシステムに与える最悪の影響

・使用環境

・製品仕様（＝設計目標値）

・構想図

・競合他社品調査を踏まえたベンチマーク、自社製品の優位性

・基本機能・性能の技術的な課題と対応策

・**バラック品**（試作品）による機能や性能の確認結果

・特許出願予定と他社特許に対する抵触の有無

③過去トラ検討会

過去トラ検討会は、品質不具合の多くは、その職場やその企業で過去に経験した不具合の繰り返しです。従って、過去の失敗経験を生かすことが、品質不具合を未然に防止する近道であるということを第4章2（p.162）で取り上げました。つまり、過去の失敗を振り返ることが大切なのです。その振り返りの場が過去トラ（トラブル）検討会です。

実施例

過去トラ検討会の実施例を示しましょう。

第1回（ファースト）：新規点、変化点を抽出する。

・設計者が新規点と変化点を書き出し、図面の該当箇所にチェックをつける。

・製品固有の要求仕様と使用環境条件、（過去の経験を基に）それぞれのリストを作成して項目ごとに新規点と変化点を1つひとつチェックする。

第2回（セカンド）：抽出した項目について、故障モードキーワード集から故障モードが該当するか、キーワードを1つひとつ当たる（図4-13）。

第3回（サード）：抽出した故障モードについて、ストレスキーワード集から、ストレスが該当するか、キーワードを1つひとつ当たる。

これらの過去トラ検討会では、過去トラ集（冊子）やデータベース化されたキーワード集（第4章4.2.［2］；p.191参照）を見ながら、参加者全員で議論する。時間切れで終わらせず、最後まで繰り返し開催する。

また、実施記時期とメンバーは以下の通りです。

［実施時期］1次試作完成前（1次試作の出図から試作完成までの間が検討時間を比較的取りやすい）

［メンバー］設計、品質、生産技術、生産、関係する専門委員（第4章4.2.［6］；p.243参照）

④ DFM（Design for Manufacturing）検討会

DFM 検討会は、図面に不備や抜けがないかを確認する場です。タイミングは2回あります。試作図面の確認と量産図面の確認です。それぞれの DFM 検討会の内容と実施時期、メンバーは次の通りです。

DFM1（試作図面を対象）

・量産工程を踏まえた設計になっているか：加工精度や組み付け工法などを確認。試作もできる限り量産と同じ材質、工法で製作する。
・品質の立場で修正、追加すべき点はないかを検討する。

［実施時期］1次試作図面出図前

［メンバー］設計、試作、生産技術、品質

DFM2（量産図面を対象）

・製図ルール上表記に抜けや間違いはないか。
・寸法公差の積み上げに矛盾はないか。過度に厳しい公差を入れていないか。加工ができないような形状になっていないか。加工や組み付け基準は明確か。
・注記表現は後工程で誤解釈を受けない明確な表現になっているか。必要十分な内容が記載されているか。検査方法は必要に応じて記載できているか。
・要素技術面から懸念点はないかなど、図面として不備がないか、さまざまな観点から確認する。

第1章 第2章 第3章 第4章 第5章 第6章 第7章

［実施時期］量産出図前

［メンバー］出図チェック専任者、設計。図面として不備がないか、さまざまな観点から確認が必要なため、専任者を置くのが望ましい。

⑤設計検証検討会

設計検証検討会は、試作品と量試品の評価結果について、見落としがないかを確認する場です。現物をよく見る場です。設計検討会の内容や実施時期、メンバーは次の通りです。

設計検証会 1（試作品について）

試作品の初期機能や性能など出来栄えについて確認する。

例 1）初期性能データの異常点を見落としていないか、異常なしの中身を議論する。例えば、1 回だけ規格ぎりぎりの値が出たが、何回測り直しても再現しない。この現象を無視して異常なしとしていないか。

例 2）現物を見ながら議論すると気づきが起こる。例えば、組み付けが難しくはないか、バリが大きすぎないか、ピン角になり過ぎていないかなど。

例 3）耐久評価結果も、現物を前にして議論する。

・耐久済み品を分解したものを並べてよく観察する。

・手で触る。

・作動耐久、振動耐久、冷熱サイクルなどは特によく観察する。

・必要に応じて顕微鏡などでよく見る。

例4）顧客のシステムでの評価済品についても例3と同様に観察する。

このようにして不具合の兆候を見逃さない。

［実施時期］1次DR前

［メンバー］設計、品質、生産技術、必要に応じ、材料や加工のなど専門委員

設計検証会2〔量産試作品（量試品）について〕

量試品の出来栄えと耐久評価済み品について確認する。観察する要領は設計検証会1に同じ。

［実施時期］2次DR前

［メンバー］設計、品質、生産技術、生産、必要に応じて材料や加工などの専門委員が参加する。

⑥ DRBFM検討会

DRBFM検討会は、新規点と変化点を重点的に議論し、故障モード、故障の原因、顧客への影響を抜けなく取り上げ、設計的な対応が、理論と試験実験の検証の両方で必要十分となるように取り組みます。関係者、職場の総智・総力による品質不具合未然防止の活動です。帳票（図5-6）を埋めることを目的とせず、まだ故障モードは議論し尽くされていない、もっと他の原因があるだろう、設計の処置はこのような見方もあるなど、議論を尽くすためのツールとして使います。

実のある議論ができるように3つのステップに分けて取り組むのがよ

いでしょう。

ステップ1（1 step）：影響度までを議論

ステップ2（2 step）：設計の処置までを議論

ステップ3（3 step）：設計的処置への指摘に対して対応した時点で議論

［実施時期］DFM1と1次DRの間が望ましい

［メンバー］

・故障モードの発想には技術者のノウハウによるところが大きいので、設計部署以外の関連部署（品質、生産技術、生産など）の協力を得てあらゆる角度からの詳細な検討が必要。

・新規材料や新構造、新工法などに関する心配点を検討する際は、固有技術分野の専門家（材料技術部、生産技術部など）へあらかじめ検討を要請して多角的に検討を行うことが必要。

・参加者の固有技術の差によって解析レベルに大きな違いが出る。参加者の能力を引き出しやすい雰囲気で会議を進めることも重要。

⑦特殊特性検討会

特殊特性検討会では、**重致命故障**や**法規制違反**の品質**TOP事象**に対して**FTA**（故障の木解析；Fault Tree Analysis）展開を行い、TOP事象を起こさないための管理項目を決めます。指定された管理項目は、図面に指示して製造工程での管理に展開します。

・図4-24は、TOP事象が重致命故障である場合のFTA展開。部品AとBは共に壊れなければ重致命故障にはならない。部品CとDは一方が壊れると重致命故障に至る。この場合、CやDを製造工程で管理するように指示を出す。これを特殊特性指定と呼ぶ。

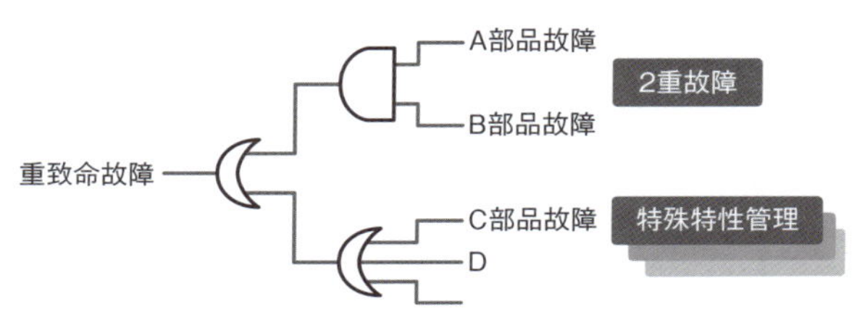

図 4-24 ●特殊特性管理
（出所：ワールドテック）

・指示方法は、図面の外れてはいけない寸法などに㊣などを付与する。
・指定すると抜き取りチェック回数を増やす、全数検査をするなどコストがかかる。指定はメンバー間の合意が大切。

実施時期とメンバーについては次の通りです。

［実施時期］2 次 DR 前
・2 次 DR の安全設計でも議論するが、事前に個別検討会で議論しておく。
・構想設計段階でも構想図レベルで検討しておくことが望ましい。

［メンバー］設計、品質、生産技術、生産、必要に応じて材料や加工などの専門委員

⑧専門分野検討会

製品は多くの要素技術から成り立ちます。専門委員で知見が不足する場合は、**専門分野検討会**により該当する要素技術の専門家に問題点や懸念点の指摘を受けます。指摘に対する設計的な処置が耐久評価も含めて

完了した時点で、結果を専門家に報告します。

実施時期とメンバーについては次の通りです。

［実施時期］DFM1からDRBFM完了までの間

［メンバー］要素技術専門家、専門委員、設計

⑨仕入れ先DR

重要な部品を仕入れ先が設計から製造まで担当する場合、社内と同様に仕入れ先でもDR（**仕入れ先DR**）を実施します（図4-25）。仕入れ先DRは仕入れ先に出向いて行うか、自社で行うのかの両方があります。議論する項目・内容の基本は自社内のDRと同じです。

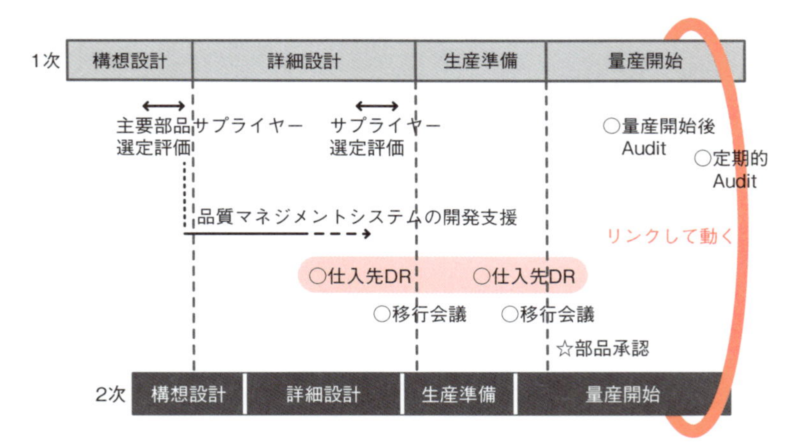

図4-25●仕入れ先DR
（出所：ワールドテック）

実施時期とメンバーについては次の通りです。

［実施時期］自社の設計プロセスをカスケードした仕入れ先の設計プロセスに合わせる。

・仕入れ先が詳細設計から量産準備へ移行する前。

・生産準備から生産へ移行する前。

［メンバー］自社の設計、品質、生産技術、調達、仕入れ先

⑩製品監査規格検討会

品質規格書の妥当性を議論します。品質規格書は品質部署のアウトプットです。この検討会を主催するのは品質担当部署ですが、品質規格書は設計図面を受けて作成され、設計内容と直接関係するために取り上げます。

品質規格書は第4章4.2.［6］（p.228）で取り上げています。その内容について妥当性を議論します。

実施時期とメンバーは次の通りです。

［実施時期］2次DRまでは、試作図面を基に品質規格書案を作成した時点。3次DRまでは、量産図面を基に品質規格書を作成した時点

［メンバー］品質、設計、必要に応じて専門委員

決裁会議

第4章4.2.［6］（p.222）でDRと決裁会議は分けるのが望ましいことを取り上げました。分けなければ、DRが決裁の場になりがちだからでした。決裁会議は、DRで得た気づき（課題・問題点）への処置がなされたことを踏まえ、次の段階への移行を決裁する場です。

従って、決裁会議は節目DRとセットで設定します。節目DRが1次、

2次、3次なら、節目決裁会議も1次、2次、3次と設定します。その他、個別決裁会議も必要に応じて設けます。節目決裁会議の詳細とメンバーは次の通りです。

節目決裁会議

・1次決裁会議：構想段階から詳細設計への移行を決裁する。上位システム概要、製品動向・市場規模、製品仕様、構想設計、基本特許調査、開発体制などを審議し、詳細設計への移行を決裁する。

・2次決裁会議：詳細設計から生産準備への移行を決裁する。システム、要求仕様と設計目標値、開発課題、設計対応策と設計検討結果、安全設計、試作品評価結果、特許出願・抵触判定、目標達成状況などを審議し、量産出図を決裁する。

・3次決裁会議：量産工程品の出荷可否を決裁する。量試品の評価結果、上位システムでの試験済み品評価結果、納入先組み付け結果、工程診断結果、生産準備結果などを審議し、出荷可否を決裁する。

［メンバー］節目DRのメンバー（表4-11）と出席部署は同じだが、DRの議長に対して決裁会議は審議者（決裁者）となる（表4-12）。

・審議者は、管理ランクSは品質担当役員もしくは品質管理部長、ランクAは事業部長、ランクBは事業部内品質保証部長

・主催者は事業部内の品質保証部部長、もしくは品質課長

個別決裁会議の詳細やメンバーは次の通りです。

表 4-12 ●決裁会議の参加メンバー
（出所：ワールドテック）

2 次決裁会議の（例）

管理ランク	品質担当役員	品質管理部長	事業部長	企画	設計					品質（事業部内）	製造			購買	関係部門 57	
					部長	課長	係長	担当	専門委員		生産技術	生産	検査		システム部門	要素技術専門部門
S	★	★	○	○	○	○	△	△	○	☆	○	△	△	△	○	○
A			★	△	○	○	○	○	○	☆	○	○	△	△	△	△
B				△	○	○	○	○	○	★☆	○	○	△	△	△	△
C								書類審査								

★　審議者 ｝区別する
☆　主催者 ｝
○　出席必須
△　必要に応じて主催者が出席を指名

※管理ランクが高い会議に臨んでは、管理者が説明すること。
※３次決裁会議のメンバーは構成は２次に準ずる。

個別決裁会議

・**受注可否決裁会議**：顧客からこのような製品を欲しいとの要望を聞くと、受注するか否かの決裁が必要となる。技術難易度や業務負荷と売り上げ見込みなどを基に可否を判定する。

［実施時期］事業業計画検討会の前、顧客からの要望を聞き次第実施

［メンバー］事業部長、企画、設計など

・**原価企画会議**：原価（コスト）が1次決裁会議の目標値を達成できるか否かを審議する。目標コスト達成が厳しいと判断されれば、試作設計の見直しを含めたコストの再検討が指示される。コストの見直し検討の結果は2次DRで取り上げる。

［実施時期］DFM1前後が効果的

［メンバー］事業部長、企画、設計、生産技術、調達、品質など

[7] 風土・土壌（7番目の設計力要素）

量産設計における7つの設計力要素のうち、7番目は**風土・土壌**です。ものづくりの姿勢を「WAY」と表現すると、**ものづくり WAY** は**変革の WAY** と**守りの WAY** の2つです。第3章で取り上げた先行開発は未知の開拓であり、変革のWAYを重視しなければならないと述べました。

一方、量産設計では守りの WAY が大切です。守りの WAY は次の3つから成り立ちます。**品質へのこだわり、コストへのこだわり、納期は厳守**です。これら3つの WAY を目指す取り組みが①～⑥までの設計力要素となります。そして、これらの6つの設計力をやりきるマインドが7つ目の設計力である風土・土壌です。

風土・土壌とは、やらされ感や、形式的ではない取り組みができているということです。ここで形式的とは、設計プロセスの項目を抜けなくやることだけが目的となり、中身が二の次になってしまうことを指します。形式化する代表的な取り組みは、DR や決裁会議です。DR は参加するだけでは意味がありません。また、FMEA は行うだけでは意味がないのです。形骸化することなく取り組まなければなりません。

形骸化しない取り組みについては第5章で取り上げます。

5. 技術と同等に必要な仕組みと管理

第4章 4.2（p.169）では、量産設計の設計力の7つの要素を取り上げました。7つの要素とは、[1] 量産設計プロセス、[2] 技術的な知見やノウハウ、［3］各種ツール、［4］人と組織、［5］判断基準、［6］DRと決裁会議、［7］風土・土壌です。これらの要素が、品質“120％”達成への必要条件でした。第4章4.2（p.169）では個別に要素を解説しましたが、ここでは7つの要素が「技術のグループ」と「仕組みや管理のグループ」に分類できることと、品質“120％”の達成には、これら2つのグループを両立させなければならないことを取り上げます。

設計力の7つの要素は技術のグループと仕組みや管理のグループから成る

設計力の要素は、技術の要素だけではなく、仕組みや管理の要素が組み合わされています。

(1) **技術のグループ**は、［2］技術的な知見やノウハウ、［3］各種ツール、［5］判断基準です。

(2) **仕組みや管理のグループ**は、［1］量産設計プロセス、［4］人と組織、［5］判断基準、［6］DRと決裁会議、［7］風土・土壌です。

判断基準の内容は技術ですが、その基準が職場で活用できるように整備されているかどうかは、仕組みや管理次第となります。技術的な知見・ノウハウも、例えば、過去トラは重要な技術ですが、職場で有効に使えるように残し方に工夫がなされているかどうかは、仕組みや管理次第となります。ここでは分かりやすいように技術のグループに分類しました。

設計力は、技術と共に仕組みや管理が大切ということを示しています。つまり、品質“120％”の達成*37を目指す取り組みは、技術と同等に仕組みや管理を充実させなければなりません（図4-26）。

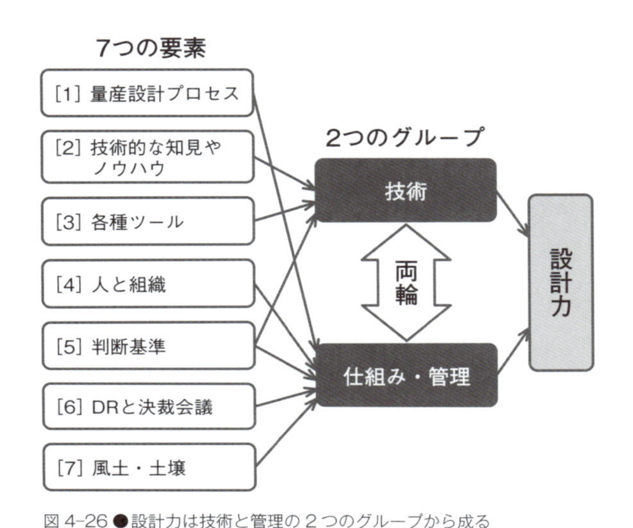

図 4-26 ●設計力は技術と管理の 2 つのグループから成る
（出所：ワールドテック）

＊37 品質“120％”の達成 設計要因の工程内不良ゼロ、納入不良ゼロ、市場クレームゼロのこと。

設計力要素の技術と仕組み・管理の両立の必要性を事例で説明

2019 年、宇宙航空研究開発機構（JAXA）の小惑星探査機「はやぶさ 2」が、小惑星「リュウグウ」へのタッチダウン（着陸）に成功した。リュウグウは地球から 3 億 km のかなたにある、直径が 900m ぐらいの岩の塊です。科学技術の進歩はここまで来ています。今や「ものづくり」はできないことがないと思うほどです。

一方で、同じものづくりでも自動車製品などのいわゆる量産品（以下、量産品）の品質不具合はなくなりません。はやぶさ 2 の偉業と時を同じくして、自動車メーカーがブレーキランプをつけるスイッチの不具合で国土交通省にリコールを届け出ました。リコール台数は30万余り。両者を比較しましょう。

開発設計は、技術があれば何とかなる？

製造業とは「自然を加工する業」です（第4章6；p.265参照）。自然は理論で動いています。従って、自然を加工する業の取り組みは、理論に沿っていなければなりません。このことが**品質不具合の本質**であり、**開発設計の普遍的な課題**です。

これは、小惑星探査機であろうと自動車部品であろうと同じこと。科学技術の進歩はこの開発設計の普遍的な課題を少なからず解いてきました。その成果（以下、技術的知見）をしっかりと取り込むことで、今回の小惑星探査が可能になったとも言えます。ところが、量産品は趣を異にします。量産品は技術的知見の取り込みが難しいのです。

はやぶさ2は、タッチダウンを当初予定していた2018年10月から2019年2月に延期しました。その間に、課題を徹底的に洗い出してシミュレーションを行うなど、慎重を期して準備を進めたと伝えられています。

ところが、量産品は「納期が命（厳守）」。たっぷりと時間をかけることはできません。納期までの限られた時間で全ての課題を洗い出し、技術的な知見を駆使して、理論で説明しなければなりません。その上、試験・実験で検証する必要があります。おまけに、経営資源にも限りがあります。人、もの、金をふんだんに投入するわけにはいかないのです。

技術的知見を取り込むとは、「個人や職場に潜在的にある技術（以下、

第1章 第2章 第3章 第4章 第5章 第6章 第7章

技術）を顕在化させ、進行中の開発設計に活用すること」と言い換えることができます。しかも、もちろん限られた経営資源と時間という条件の下で行わなければなりません。量産品とはやぶさ２とでは、制約条件が大きく異なるのです。

厳しい制約の下で技術を抜けなく顕在化させ、活用するハードルは限りなく高いと言えます。このことは**技術は品質確保の必要条件だが、十分条件とはなり得ない**と表現することができます（図4-27）。

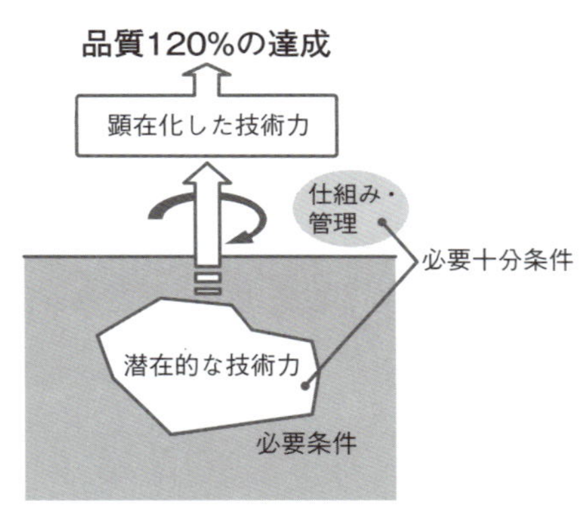

図4-27●仕組み・管理が技術を顕在化する
（出所：ワールドテック）

開発設計者に聞くと、「開発設計は、技術があれば何とかなる」と言う人が少なくありません。「技術があることと、それを**顕在化**させることは異なる」ことに気付かないのです。技術は顕在化させ、成果に結び付けなければなりません。そのためには、開発設計の仕組みや管理が必要です。それが、設計力の７つの要素が「技術のグループ」と「仕組みや管理のグループ」から成るゆえんです。

品質不具合を出さないためには、量産設計の設計力の７つの要素が大切なのです。すなわち、量産設計プロセス、技術的な知見やノウハウ、各種ツール、人と組織、判断基準、DRと決裁会議、風土・土壌です。これらの設計力の7つの要素を見て、技術以外の要素が数多くあることを認識することが大切です。

限られた経営資源と時間という条件が課せられた中では、設計力の7つの要素がしっかりと職場に根付いており、さらにそれらが実行されなければ、品質不具合は減らないのです。

先のブレーキランプスイッチの不具合は、国土交通省のWebサイトを見るとシリコーンが原因とのことです。実は、シリコーンによる接点障害は、自動車部品の代表的な品質不具合です。こうした品質不具合を発生させてしまったということは、設計力の7つの要素のいずれかが十分に機能していなかったということです。技術上の原因だけではなく、管理上の真の原因をしっかりと把握し、開発設計の仕組み、すなわち「設計力」へとフィードバックしなければなりません。

point ▶ 技術は品質確保の必要条件ではあるが、十分条件とはなり得ない。設計力の7つの要素は「技術のグループ」と「仕組みや管理のグループ」から成る。品質を確保するためには、この2つのグループを両立させなければならない。

6. 設計力で乗り越えるべきもの

ここからは設計力で乗り越えるべきものについて述べていきます。

6.1 自然はだませない

第4章5（p.260）で、技術は品質確保の必要条件であり、十分条件とはなり得えない。そのため、設計力は「技術のグループ」と「仕組みや管理のグループ」を両立させなければならない。限られた経営資源と納期を厳守するという厳しい環境の下、潜在的にある技術力を顕在化させなければならない、と述べました。

ここでは、設計力が技術を顕在化させることで、何を乗り越えようとしているのかを取り上げます。設計力が乗り越えるべき、設計の本質的な課題です。

設計力が乗り越えるべき課題

設計力が乗り越えるべき課題とは、図面に書かれたことを全て**理論で説明**できることです。かつ、**試験や実験**で理論が間違っていないことを**検証**できなければなりません。開発設計ではこの取り組みを目指すことが大切です。

なぜ、図面に書かれたことを全て理論で説明できなければならないのか

図面に書かれたことを全て理論で説明できなければならない理由は、製造業が**自然を加工する業**だからです。

第2章で自動車のリコールは毎年200件前後で推移していることを取り上げました。品質不具合はなくなっていないのです。

なぜ品質不具合をなくせないのでしょうか。これまでに「まあいいだ

ろう」「こんなもんだ」「過去からこうだ」と思いながら設計を進めた経験はないでしょうか。そんな経験はないという人は品質不具合とは無縁です。しかし、そうした設計者は少ないはずです。めったなことは起きないと思って出荷すると、納入先はいとも簡単に品質不具合を見つけるものです。運良く納入先をスルーできても、その不具合は市場で起こります。実は、ここに**品質不具合の本質**があるのです。

筆者は今、机に向かってパソコンでこの原稿を作成しています。上を向くと蛍光灯が目に入り、横を向くと壁と窓があります。私たちの周りは物であふれています。人間は実に多くのものを造ってきました。しかし、無から造り出したものはあるかと問うと、何もないということに驚きを持って気づきます。何のことはない、私たちは地球にあったものを吸い出したり、掘り出したり、生えているものを伐採したりして、それらを加工してきたのです。限りなく複雑・高精度な加工もあるでしょう。しかし、所詮私たちは私たちの周りにもともと存在するものに手を加えただけなのです。

私たちは、このもともと存在するものを「自然」と呼びます。人間は自然を加工してきたのです。つまり、ものづくり（製造業）とは「自然を加工する業」と言えるのです。

筆者は自動車部品の設計を数多く経験しましたが、いつも失敗の連続でした。技術的な課題を潰していくのですが、最後まで残った課題はなかなか解決しませんでした。仮説と検証を限りなく繰り返しました。半年、1年はあっという間に過ぎます。失敗し続けた結果、偶然などあり得ないことを学びました。

自動車製品に使われるゴム部品で経験した失敗があります。変性した燃料がゴム材料のエーテル基を切断したのです。耐久評価で「問題なし」と判断して出荷したのに、市場で破損しました。自社内と納入先はスルーできましたが、市場、すなわち自然は理論に反したものを承認してくれませんでした。自然は理論で動いている。故に、自然を加工する業の取り組みは、理論に沿っていなければならないということです。

このことが、品質不具合の本質であり、**設計の普遍的な課題**となります。すなわち、図面に書かれたことは全て理論で説明できなければならない。かつ、試験・実験で理論が間違っていないことを検証できていなければならないということなのです。

なぜ、図面に書かれたことを全て理論で説明するのが大変なのか

図面に書かれたことを理論で説明するのは大変です。その理由は、重要な部位や心配な箇所を理論で説明したり、試験や実験に取り組んだりするだけでも大変な上に、他の箇所は「以前からこうだった」、「まあこれぐらいで大丈夫」となってしまうからです。

これまでいろいろな人に、「設計の取り組みでは全てを理論で説明し、試験や実験で検証していますか？」と訪ねてきました。多くの場合、「もちろん、そのように取り組んでいます」と返ってきます。そこで、筆者はさらにこう聞きます。「1枚の図面に寸法が100カ所あるとします。全てを理論で説明できるということは、100ある寸法値のそれぞれの根拠を説明できるということです。例えば、10±0.05という寸法に対し、『10±0.025に厳しくしなくてよいのか？』、あるいは逆に『もっとラフ

な 10±0.075 ではいけないのか？』と聞かれたとしたら、あなたは理論と検証データでそれを説明できますか？」と。こう質問すると、やっと事の大変さに気づきます。

シンプルな自動車部品でも、10 個や 20 個といった部品から構成されるものです。部品図やサブアセンブリー（sub-assembly）図、仕様図、組立参考図、アセンブリー（assembly）図など枚数は多く、それらに書かれたデータは膨大です。寸法だけでも何千カ所に上るでしょう。しかし、何千カ所であろうと、図面に書いたからには理論と検証データで説明しなければなりません。ところが、設計経験のある人はすぐに「そんなことは不可能だ」と気づきます。品質的に重要な部位や心配な箇所は理論を押さえ、試験や実験で検証します。しかし、ここだけはしっかりと検討しようと取り組んでも、やりきることは簡単ではありません。ましてやその他の箇所は、「以前からこうだった」「まあこれぐらいで大丈夫」と進めることになります。

しかし、自然はそのことを見逃しません。リコールや市場クレームというしっぺ返しで答えてきます。すなわち**自然はだませない**のです（図 4-28）。

従って、理論にのっとって試験や実験で検証することを進めなければなりません。そのためには、限られた経営資源と時間の中で、職場の技術を最大限に生かす取り組みを行う必要があります。それには、工夫された管理や仕事の仕組みが大切です。それが量産設計の設計力です。

すなわち、設計力は理論に則した設計を成し遂げることを目指すための手段なのです。

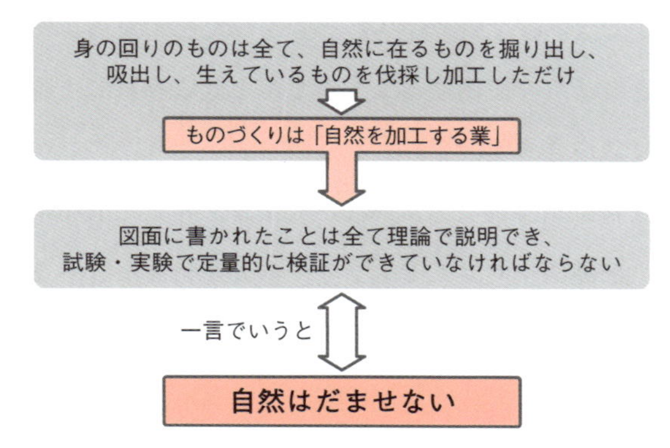

図 4-28 ●設計の普遍的な課題
（出所：ワールドテック）

point ▶ 製造業は自然を加工する業。「自然はだませない」ことを踏まなければならない。また、量産設計の設計力は、理論に則した設計を成し遂げることを目指すための手段である。

6.2 理論に即した設計とは

前項では、設計力は理論に則した設計を成し遂げる手段と述べました。理論に即した設計とは、「図面に書かれたことは全て理論で説明でき、試験・実験で理論が間違っていないことを検証しなければならないということ」でした。これを具体的に説明しましょう。

品質不具合とは

品質不具合とは第 2 章 4.2（p.49）で述べた通り、設計目標値を満足しなくなることでした。設計目標値を満足しなくなるとは、次のようなことです。

造られたもの（製品）の役割は、入力（input）から出力（output）を導き出すことです。もちろん、**output** は顧客にとって価値のあるものでなければなりません。しかし、期待する価値だけではなく、**有害な効果や損失**を生じる場合もあります。この有害な効果や損失が設計上の品質不具合です。第 4 章 4.2.［Example 1］（p.163）で取り上げたアクセルペダルが戻りにくくなった例は、期待する価値の踏力だけではなく、摺動抵抗が増大するという有害な効果を生じました。

なぜ output に有害な効果や損失（劣化）が出るのか。実は理由は驚くほどシンプルです。**ストレス**があるからです。製品はストレスがなければ永久に同じ状態で存在し続けます。**劣化**とは無縁です。しかし、現実にはストレスを避けることはできません。例えば、空調の整った室内でもオゾンはあるでしょうし、コントロールされた室温も厳密にはストレスです。

劣化不具合を防ぐ 3 ステップの取り組み

上記を踏まえると、劣化の品質不具合（劣化品質不具合）を防ぐために、理論で説明して試験・実験で検証する際に行うべきことはおのずと決まります。それは次の 3 ステップです。

[1] 第 1 ステップ：製品に加わるストレスを把握する。

[2] 第 2 ステップ：把握したストレスに対して設計的な処置をとる。

[3] 第 3 ステップ：設計的な処置の妥当性を評価する。

では、詳しく説明していきましょう。

[1] 第1ステップ：ストレスの把握について

ストレスには次の3つがあります。

①**環境のストレス**：使用や市場環境から受けるストレス。

②**工程のストレス**：生産工程内で過大な力を加えていないか、かしめ過ぎていないかなど。

③**自己のストレス**：パワー系半導体素子が周りの半導体素子へ過大な熱を及ぼしていないかなど。

ストレスの把握における課題

自動車部品は温度や振動、湿度、塵埃（ほこり・ちり）、電気ノイズなど、さまざまな種類のストレスにさらされます。温度ストレスの1つを取り上げても、設計保証目標期間を20年とすると、エンドユーザー全員の温度環境を満足する20年間の総温度ストレスの推定が必要です。例えば、温度分布と各温度別の累積時間の推定値を出さなければなりません。

このように、ストレスの種類ごとに20年間の総ストレスを推定することは大変難しい作業です。優れた技術力はこれらの推定値の確からしさを高めますが、推定であることに変わりはありません。実環境と異なる可能性が残ります。

[2] 第2ステップ：把握したストレスに対する設計的な処置について

把握したストレスにより、有害な効果や損失が出ないように設計的な処置をとります。そのためには、ストレスが及ぼす影響を知り尽くさなければなりません。

例えば、温度ストレスで、製品を構成する部品Aが熱膨張するとします。部品AとBが接していると、BはAから押されます。BがCに接していると、Aの膨張はCへ影響する可能性があります。このように、ストレスの個々の部品への影響だけではなく、部品相互間の影響も見極めます。もちろん、見極めるのは定量的な影響です。その上で、全ての影響に対し**設計的な処置**をとります。

例えば、安全率を確保できない場合、形状の工夫や材質のグレードアップの対策といった処置を施すのです。

設計的処置の課題

ストレスは熱以外にも振動や湿度など数多くあります。この数多くのストレスに対し、個々の部品への影響と部品相互間の影響を全て見極め、設計的な処置をとります。

しかし、製品の構成部品が数個あるだけでも、組み合わせは膨大です。これら全ての組み合わせに対し、定量的な影響の見極めと、それを踏まえた設計的処置を行うことは大変な作業となります。従って、現実には優先度を決めるなどメリハリをつけた取り組みとなるでしょう。

[3] 第3ステップ：設計的処置の妥当性の評価について

市場（自動車部品であれば実際の車両）に勝る評価はありませんが、設計保証目標期間（例えば20年間）を市場で評価することは通常はできません。従って、加速試験で評価します。

評価の課題

評価試験の項目と条件は、**市場と100%の相関**があることが大切です。ところが、把握した全てのストレスに対し、試験（評価）項目と条件との間で100%の相関があると証明することはハードルが高いといえます。ただし、試験（評価）項目と条件は何度も見直されてきているはずです。市場環境との相関を高める取り組みは継続的に取り組んでいく課題です。

このように、**劣化品質不具合**を防ぐための理論に則した設計とは3ステップを処置することとなります。ただし、どのステップにも課題があります（図4-29）。100%を目指して取り組むには、しかるべき設計力

1カ所でも100%でなければ　設計品質不具合を起こす

1. ストレスの把握 ⇨	2. 設計処置 ⇨	3. 評価
・使用環境のストレス 温度、振動、湿度、EMC… ・工程のストレス 熱、干渉、応力… ・自身のストレス 熱、応力、ノイズ… 全てのストレスを時間軸（例えば20年×30万km）を含めて把握できているか。 100%	・INPUT×構成要素 ・要素×要素 ・要素×ストレス これらの交互作用を全て把握し、設計で漏れなくコントロールできているか。 100%	把握したストレスを加速試験条件で評価 評価項目と条件は、実際のストレスと100%相関が取れているか。 100%

図4-29●劣化品質不具合を起こさないための3ステップ
（出所：ワールドテック）

が必要です。

point ▶ 理論に則した設計とは、劣化品質不具合を防止するために、環境把握や設計処置、評価の全てにおいて100%を目指して取り組むことである。

6.3 品質の99%はまだ5合目

品質の99%はまだ5合目という言葉があります。これは、設計課題の最後の1〜2%を詰めるには膨大な工数とエネルギーが必要で、ここに開発工数の50%を使うと言っても過言ではないという意味です。このためには、設計力が必要です。

顧客満足度100%と言われても、今さらと思うことでしょう。しかし、生産者の立場で100%の顧客満足度を目指すのは簡単なことではありません。そのことは生産者と消費者の立場を自分で入れ替えてみるとよく分かります。例えば、自動車部品メーカーに勤めている人が新車を買ったとします。休日に消費者の立場になり、新車に少しでも傷があると分かればディーラに一言となるでしょう。ところが、平日の生産者の立場になると、これくらいの傷は問題ないと判断する場合もあるのではないでしょうか。

つまり、ここでいう100%とは生産者の立場で100%を目指すということです。設計段階では設計者として100%を目指すということです。品質を確保するには課題を抽出し、スケジュールを立てます。時間軸に対して課題解決は一般的に「S」字形カーブを描きます。最初は課題を対処するのに少し手間取っても、時間とともに課題は解決するでしょう。大部分の課題は時間とともに設計処置がとられていきます。しかし、往々にして1、2個の課題が残ってしまいます。設計的に詰め切れず、いくら頑張ってもすっきりしない状態が続くのです。このようなことを経験した人は多いのではないでしょうか。

筆者も経験があります。ある開発で2年間の設計期間があり、最初の1年でほとんどの課題を潰すことができました。しかし、課題が1つ残りました。その残った1個の課題を何とかしようと、後半の1年間、毎日夜遅くまで取り組みましたが、出図期限ぎりぎりまでもつれ込みました。

こうした状態になった時に、諦めるか、それとも正面突破を選ぶかが、**生産者の立場の100%**に直結します。諦めるとは、「部品点数が増えても仕方がない」、「体格が1mm大きくなるがやむを得ない」、「コストは上がるが品質不具合を出すよりはましだ」などといって100%の追求をやめることです。すっきりしないけれど、問題にはならないだろうと考えて進めることです。

しかし、こうした妥協をすると本来の設計目標値を満たせません。従って、簡単ではありませんが、正面突破を目指すことが大切です。

繰り返しますが、課題の最後の1～2%を詰めるには膨大な工数とエネルギーが必要です。開発工数の50%を使うと言っても過言ではありません。これが設計現場の実態なのです。設計的に100%を目指して諦めずに取り組むか、それとも諦めてしまうかの間には、天と地ほどの差があります。品質の課題解決の99%はまだ5合目なのです（図4-30）。

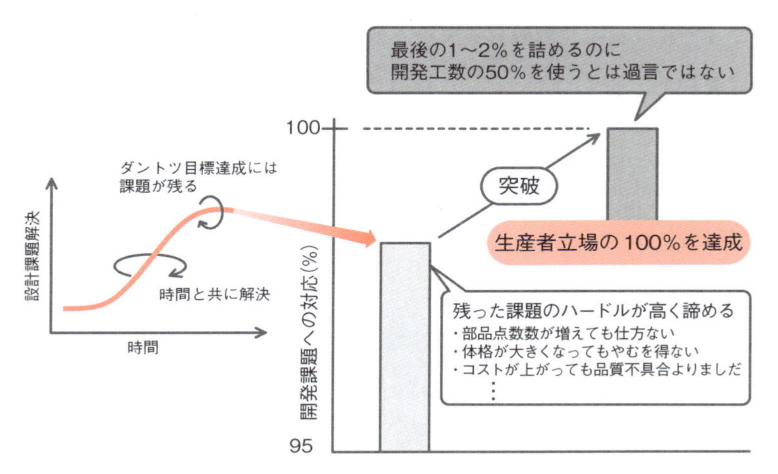

図 4-30 ●品質の 99 %はまだ 5 合目
（出所：ワールドテック）

7. 量産設計の具体例

量産設計プロセスについては、第 4 章 4.2.[1]（p.169）で取り上げました。基本プロセスとサポートプロセス、マネジメントプロセスの組み合わせです。サポートプロセスは、基本プロセスの取り組みの質を高める取り組みでした。従って、サポートプロセスの活動結果は基本プロセスの取り組みに反映されます。

マネジメントプロセスは、基本プロセスとサポートプロセスの活動結果を検討・議論、決裁する場でした。つまり、マネジメントプロセスの活動結果も基本プロセスの取り組みに反映されます。従って、基本プロセスの output を見れば、どのように量産設計を行ってきたかが分かります。

ここでは、量産設計の具体例を、基本プロセスの流れを踏まえて次の順で取り上げます。

・量産設計の目標値設定

・構想設計

・詳細設計

・安全設計

・試作品評価

・出図

7.1 量産設計の目標値設定

第3章では先行開発で取り組む「ダントツ目標値」の設定を取り上げました。量産設計ではダントツ目標値を含め、全ての設計目標値を設定します。この点が、先行開発の目標値と**量産設計の目標値**の異なるところです。

まず、商品仕様と製品仕様（設計目標値）の違いは第2章2.1（p.36）で取り上げましたが、次の通りでした。

・**商品仕様**は、顧客のうれしさやニーズを技術的にまとめたもの：自動車部品では、自動車メーカーがシステム上必要とする機能や性能など、顧客の立場に立った表現。

・**製品仕様**は、商品仕様を実現するために機能や性能、信頼性（Q）、コスト（C）、開発期間や納入時期（D）を造る側の立場で表現したもの：自動車部品では、車両環境や市場環境を考慮し、安全率や余裕度を加味した、もの（製品）として具現化するために、造る側の立場に立った表現。

つまり、商品仕様は必要条件であり、製品仕様である設計目標値は必要十分条件ということでした。顧客からは一部の仕様が提示されます。その仕様を、量産設計に必要な設計目標項目と目標値に抜けなく置き換えなければなりません。

直接提示されない仕様を抜けなく見極め、それを設計目標値に落とし込めるか否かが問われます*38。ここに、設計目標値設定の価値があります。

＊38 第２章で取り上げたレインセンサーの開発では、商品仕様は「雨が降ってきたときにワイパーが自動で感性に合うように動く」こと。これを踏まえて設計目標値を決めていった。雨とワイパーの動きを感性を踏まえながら定量化していった。具体的には、搭載場所や搭載方法、体格、耐熱 max.T℃、耐震 max.Bm/sec^2、信頼性ｘ年×y 万 km、通信方法などであった。こうして商品となる諸元を見出していった。

［1］設計目標項目を抽出する

上記で述べた量産設計目標項目を具体的に決め、一覧表にします（表4-13）。大きな項目は品質（Q）とコスト（C）、納期（D）で決まります。性能や機能、信頼性、体格、搭載、インターフェース、コスト、量産開始時期などを記載します。

次に、大きな項目を対象製品固有の仕様表現にブレークダウンします。例えば、性能では検出距離や応答性、分解能、作動時間、トルクなど、その製品固有の仕様です。機能ではフェール処理や感度調整の有無など製品固有の諸機能を、信頼性では温度や振動、泥や被水など考慮すべき環境項目を記載します。さらには設計保証期間欄も設けます。必要

表 4-13●設計目標値の表し方
（出所：ワールドテック）

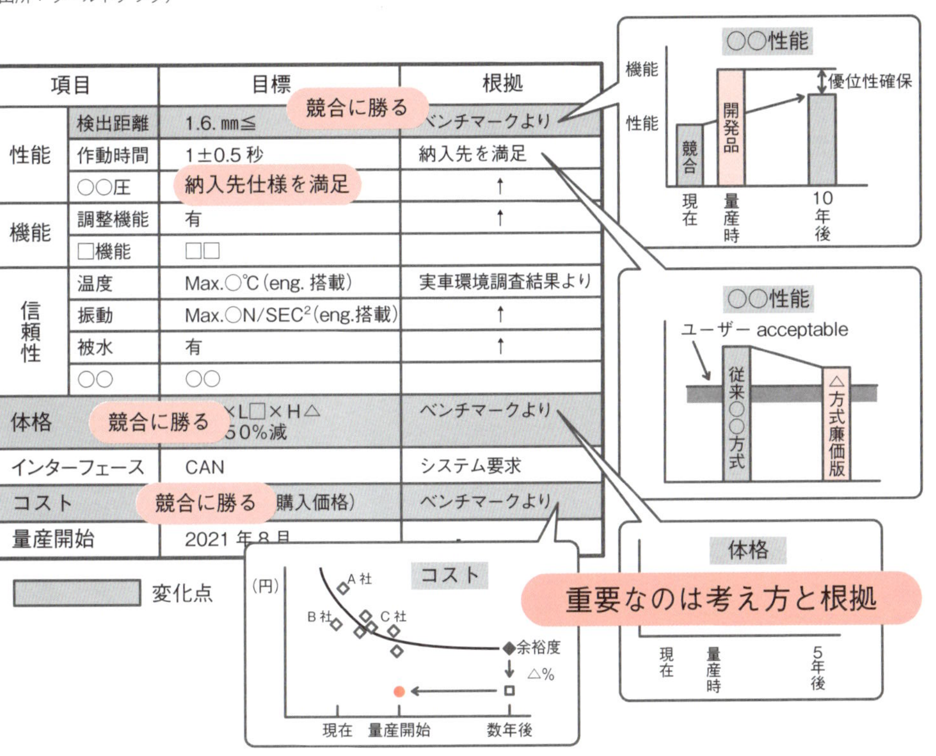

項目		目標	根拠
性能	検出距離	1.6. ㎜≦	ベンチマークより
	作動時間	1±0.5 秒	納入先を満足
	○○圧		↑
機能	調整機能	有	↑
	□機能	□□	
信頼性	温度	Max.○℃（eng. 搭載）	実車環境調査結果より
	振動	Max.○N/SEC²（eng.搭載）	↑
	被水	有	↑
	○○	○○	
体格		×L□×H△ 50%減	ベンチマークより
インターフェース		CAN	システム要求
コスト		購入価格）	ベンチマークより
量産開始		2021 年 8 月	

に応じて搭載方法も記載します。項目を抜けなく一覧表へ記載します。

[2] 設計目標値を見極める

設計目標値には2つの原則があります（図4-31）。

(1) 設計目標値は定量的に表現する

(2) 設計目標値の考え方、根拠を示す

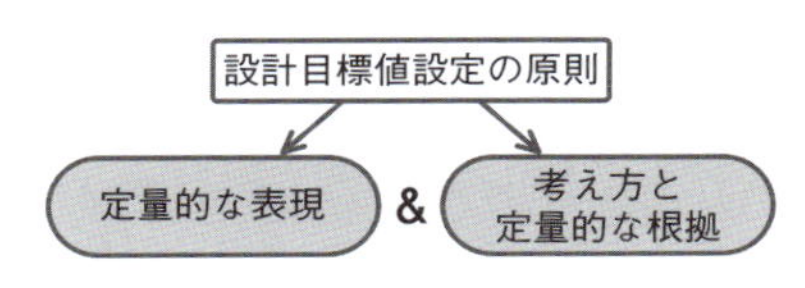

図4-31 ●設計目標値設定の2つの原則
（出所：ワールドテック）

(1) 設計目標値は定量的な表現を基本とする

設計目標値は定量的に表すことが基本です。いくつか事例を示しましょう。

- $\ell \pm \Delta\ell$mm、≦t秒のように許容範囲が分かる表現とする。
- かつ、HdB≦/20℃×13Vのように、目標値を満足する条件も忘れないこと。
- 市場環境温度は、最低温度、最高温度を明記する。
- 保証温度と表現した場合、製品自体に発熱があれば、発熱温度を含むか明記する。
- 振動は最大振動加速度（その時の周波数などの条件を含む）を記載する。振動は製品が搭載される部位の値を記入する（製品に共振点があれば実際の保証すべきレベルは変わってくる）。

・体格は、幅（W）×長さ（L）×高さ（H）を示す。

・搭載は、ブラケットねじ止めやワンタッチ固定など、その取り付けの特徴が分かる表現にする。

・コストは、数量条件を記載する。また、売価〈プライス〉目標から目標利益額を除いた値などが分かる表現とする。

・量産開始時期は、納入先のスケジュールに合わせ設定する。

（2）設計目標値は根拠を示す

設計目標値は、**考え方や根拠**が大切です。根拠については次の3つの条件を考慮します。

・**納入先の要求値**

・**自社の従来品の値**

・**競合企業の実力**

これら3条件の全部か一部を考慮して設計目標値を決めます。

3条件の考慮の仕方は、製品の職場での重要度に応じて変わります。重要度は第4章4.2.[1]（p.176）で取り上げました。そこでは、重要度をS、A、B、Cの4つにランク付けしました。重要度に応じた3条件の考慮の仕方は次の通りです。

・SやAは、3条件を**AND**で考えます。

・BやCは、3条件を**OR**で考えてよいでしょう（図4-32）。

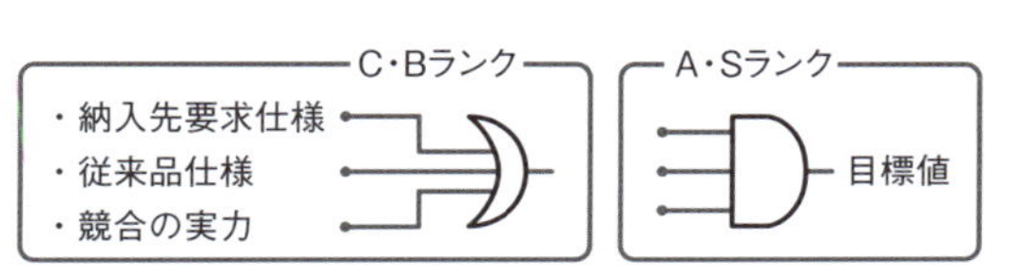

図 4-32 ●設計目標値の根拠
（出所：ワールドテック）

具体的には次のようになります。

・顧客要求値通り。

・顧客要求値に対し、例えば 1.2 倍以上などマージンを取る。

・顧客要求値を満足し、かつ自社の従来品の実力も考慮する。

・顧客要求値を満足し、かつ自社の従来品にも優っていて、競合企業にも勝つ値とする。

第 3 章の先行開発で取り上げたダントツ目標値は、3 つの条件を満足しています。表 4-13 は、量産設計目標値の根拠の 3 条件と納入先の要求、自社の従来品の値、競合企業の実力を記載しています。

[3] 設計目標値が決まったらベースである製品からの変化点を明確にする

量産設計の対象製品は、多くの場合ベースとなる製品があります。なぜなら、開発品はほとんどが類似製品や次期型製品、次世代製品（第 4 章 4.2.[1]；p.176 参照）のいずれかに該当するからです。

ベースとなる製品に対し、設計目標項目の**変化点**を一覧表に示します（表 4-13）。そうすることで、設計目標値設定に続く構想設計と詳細設計で重点的に取り組むべき目標項目を明らかにできます。変化点に対しては、量産設計力を踏まえて取り組まなければなりません。

7.2 構想設計

構想設計は、前項の設計目標値を受け、TOP 事象の回避方法や構想図、競合企業との比較などの基礎検討を行ないます。具体的には次の通りです。

・システム概要と製品の役割の状況確認：先行開発段階で行うが、構想設計でも最新の状況を確認する。

・**製品基本コンセプト**再確認：先行開発段階で目途付けした、競合への差別化目標値と技術を取り込む。

・量産設計目標値の確認。

・故障した場合に上位システムに与える影響のうち TOP 事象の把握：この TOP 事象とは製品が故障した場合にエンドユーザーに与える最も重大な影響のこと。

・TOP 事象回避への方針決定。

・構想図作成：基本コンセプトと量産設計目標値を反映する。

・競合他社の製品の調査結果を構想図と比較して優位性を確認。

・バラック品による機能や性能の確認。

・特許出願予定の作成と他社特許への抵触有無の調査。

・量産設計の開発体制の確保。

・量産設計のスケジュール、および量産開始までの大日程の見通し。

構想図について

前項の量産設計目標値を受け、その目標値を実現する方式や構造、材質などの基礎検討を行い、**構想図**を作成します。先行開発でダントツ目標を実現するために確立した技術や方式をメインに構造を検討します。

ダントツ目標値以外にも多くの設計目標値があるため、この目標値の変化点に対する技術も見極めなければなりません。従って、設計目標値の変化点に対する技術課題を抽出し、対応策を検討します。

変化点の対応策とは、使用環境が変わると製品に加わるストレスが変化するため、設計的な対応を行うということです。例えば、環境温度が上がる場合は、樹脂やゴム材料を耐熱グレードに変更します。振動が大きくなるときには、増加する応力に耐えるように補強構造などを検討します。コスト目標が厳しい場合は、部品点数の削減や、部品の一体化などの対策を検討します。他にもさまざま課題への対応を検討することになります。

ただし、構想設計段階なので、それぞれの課題への基礎検討レベルとなります。余裕度や安全率を含めた成立性は詳細設計で取り組みます。

7.3 詳細設計

構想設計から具体的な設計課題が出ると、課題への対応策を検討します。その対応策の**安全率**や**余裕度**を見極めるのが**詳細設計**です。

[1] 課題への対応策を決める

構想設計の結果、例えば、金属部品の固定方法が課題となり、かしめ方式を採用したとします。この場合、設計課題はかしめ部の固定力の確保です。

検討の第一歩は、**課題への対応方針**の決定となります（図 4-33）。次のような視点で対応方針を選びます。

・試作品の条件を振り、たくさん造ることで設計を詰める。

・CAE（Computer Aided Engineering）で理論的に絞り込み、最終的に試作品で検証する。

・CAE だけで詳細検討を行い、最終判断まで行う。

どの方針を選ぶかは職場の基盤技術のレベルで決まります。

変化点		開発課題	対応方針
1	検出距離 ≧1.6mm	・レンズ形状と反射方式の案出し、有力な形状と反射方式を選定 ・アルゴリズムの構築 ⋮	・選定案に対しシミュレーションで検出距離と分解能検証 ・試作品とアルゴリズムとの組み合わせでバックデータ ⋮
2	分解能 ≧0.5mm^2		
3	金属リング固定	かしめ部固定力確保	・机上計算＋CAEによる効果的なかしめ形状を見いだす ・試作品でバックデータ
		シール性確保	・シール構造は現量産品との部品の共通化
4	耐震性 294/sec^2	…	
5			

開発課題への対応方針の明確化

図 4-33 ● 開発課題から設計対応方針を決める
（出所：ワールドテック）

[2] 対応方針に従い、課題への安全率や余裕度を見極める

課題への対応方針が決まると、次は各課題への安全率や余裕度を定量的に把握します。上記のかしめ部について検討しましょう。理論と試作品の検証の組み合わせを方針とした場合は次のようになります。

・手の操作力をxN（ニュートン）、その時の回りトルクをyN･mと設定する。これらの値は、職場の設計基準書などを活用する。

・続いて、ブラケット固定部の形状がこの要求仕様を満足するかどうか強度計算し、**理論上の安全率**（Safety Factor）が規定値以上あることを確認する。

・次に、**試作品での実力評価**を行う。試作品の初期値、および耐久評価後の製品（耐久評価後品）の値の両方で回りトルクを検証する。

このように、試作品の検証は、初期値だけではなく、**耐久評価後品**でも設計目標値を満すことを把握しなければなりません（図4-34）。

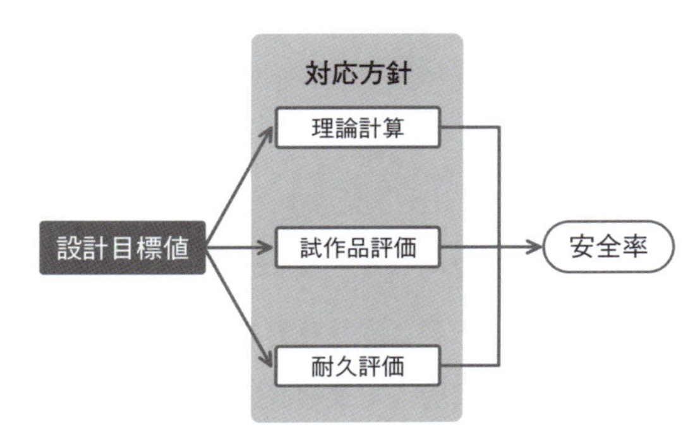

図4-34 ●詳細設計は対応方針に従って取り組む
（出所：ワールドテック）

この例は、理論に基づいて**パラメーター設計**などを行い、試作品でバックデータを取って検証しています。1つの課題に複数の要因が関係する場合は、まず**要因分析**を行い、関係する要因の全て、例えば、10個要因があれば10個の要因の全てに同様の検討を行います（図4-35）。課題がN個あり、それぞれに要因がn個あるとすると、理論と試験・実

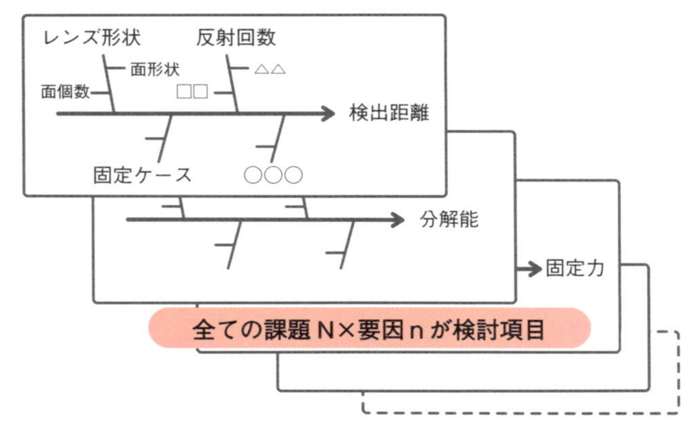

図 4-35 ●検討すべき要因を全て抽出
（出所：ワールドテック）

験を組わせた詳細設計の検討の数は N×n 個となります。詳細設計に膨大な工数がかかる理由はここにあります。

7.4 安全設計

安全設計は、開発製品が故障しても重大故障に至らないように設計的処置をとることです。**重大故障**とは、自動車では暴走や火災など人命につながる**重致命故障**のことです。重致命故障にならないまでも、エンジン停止（エンスト）や走行不能といった基本機能の喪失も重大故障の対象になります。さらに、法規制違反もあってはならない故障に分類されます。

重大故障を起こさないために、安全設計は 2 つの面からの検討が必要です。上位システムへの安全設計と開発製品自体の安全設計です。

[1] 上位システムへの安全設計

上位システムへの安全設計とは、対象開発製品が故障した場合の上位システムへの影響を見極めることです。

故障しても上位システムへの影響あるものの重大故障に至らない、例えば**フェールセーフの仕組み**があることを確認します。例えば、自動車のシステムにぶら下がっている開発製品が故障した場合、他のコンポーネントへ影響がないか、あっても回避手段があって重大故障にはならないことを確認します。

他のコンポーネントが故障した場合に、開発製品への影響がないことを確認します。システム上の処置に問題があるなら、上位システムの担当部署や顧客に対応を要請します。

[2] 開発製品の安全設計

製品の安全設計には次の2つの見方があります。

(1) 重大故障につながる故障を起こさない設計的な処置*39

(2) 火災（FH；Fire Hazard）を起こさない設計的な処置*40

検討は、2つのケースとも**FTA**（Fault Tree Analysis；故障の木解析）を使います。重大故障や**FH**に対してFTA展開を行い、設計的な処理を取ります。

FTA展開は「and（∩）」と「or（∪）」のいずれかの展開です。andでつながるところは、設計的に2重故障が成立しており、安全設計が成立しています。

展開がorのみだった場合は、FTA展開から導かれる部品の管理項目を**特殊特性管理**（重点管理）にするかどうかの見当が必要です（図4-32）。

＊39 例えば、シフト変則制御不良につながる故障モードにスピードセンサーの出力信号異常がある。この出力信号異常をFTA展開する（**図4-F**）。

具体的には図面に重点管理である旨を明示する。運用は量産時にその項目を全数検査したり、抜き取り検査の頻度を増やしたりするなどの処置をとることになる。例えば、スプリング荷重が重点管理となると、そのスプリングの仕入先にスプリング荷重が重点管理項目であることを指示するとともに、受け入れ検査で抜き取り頻度を増やすなどの処置をとる。こうして設計処置を行い、システムへの影響がある重大故障を防止する。

＊40 FH対応では2重故障処置が原則。**図4-G**はコンデンサーショートと保護回路故障で2重故障となっている。しかし、FHの場合は2重故障の設計でも、現物で効果を確認する。

その場合、3つのケースで現物確認を行うことが大切だ。

- ・1つ目のケースは回路抵抗がショートしたが、保護回路が正常に働いた場合。
- ・2つ目のケースは、回路抵抗がショートしたが、保護回路が切れるか切れないかのぎりぎりの電流が流れ続けた場合。
- ・3つ目のケースは、回路抵抗がショートしたが、保護回路が保護機能の役割として正常に働かなかった場合。

それぞれのケースで現象を確認する。3つのケースとも煙が車外に出ないことが望ましい（**図4-H**）。

7.5 試作品評価

詳細設計が終わると、試作品評価に移行します。試作品評価には［1］初期評価と［2］耐久評価があります。

［1］の**初期評価**では、機能や性能などの設計目標値を満足しているかどうかを確認します。大切なのは、適切なn数に基づく安全率の見極めです。信頼度95%に必要なn数は供試数が多くなります。従って、n数

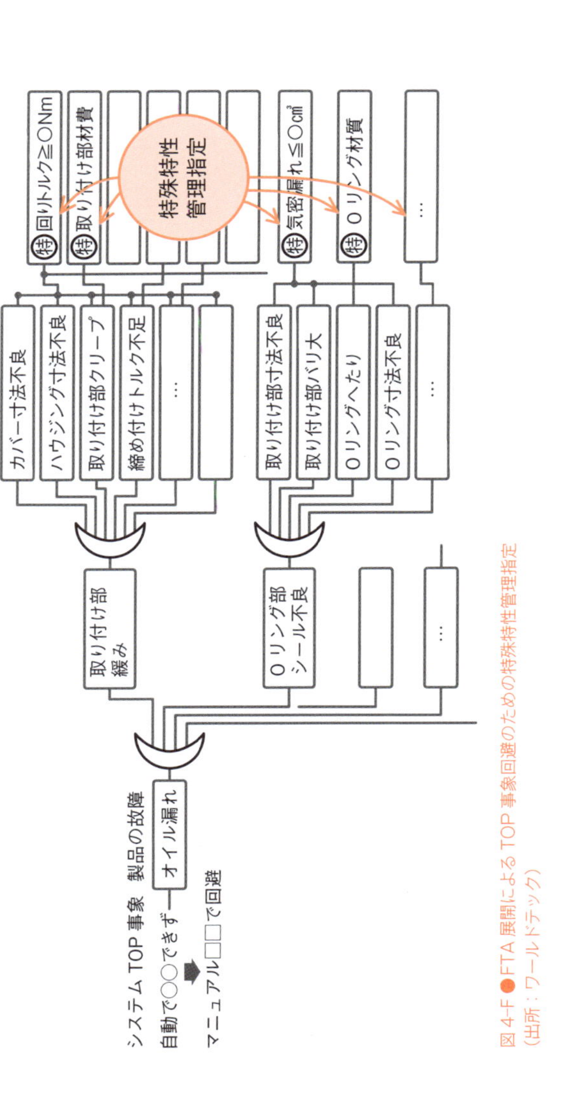

図 4-F ●FTA 展開による TOP 事象回避のための特殊特性管理指定
（出所：ワールドテック）

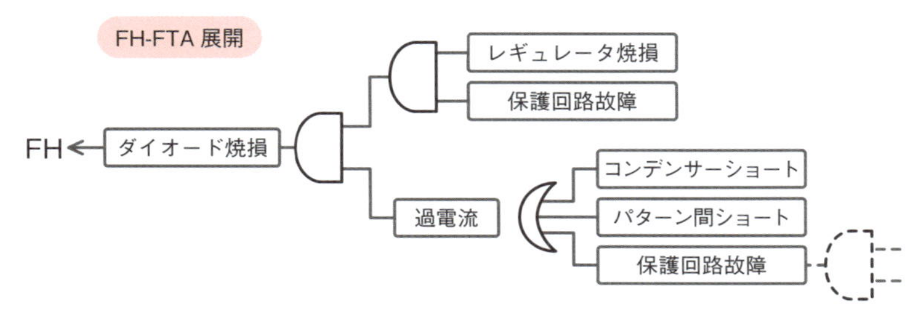

図 4-G ●FTA 展開で２重故障の設計
（出所：ワールドテック）

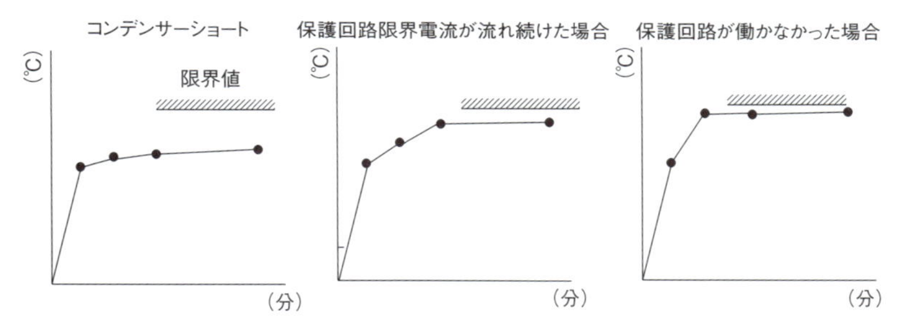

図 4-H ●FH（火災）検証の３ステップ
（出所：ワールドテック）

は経験に基づく必要数から決めるのが現実的です。

［2］の**耐久評価**は、**評価項目と条件を決める**ことが重要です。しかし、これが難しいのです。なぜなら、根拠を持って決めなければならないからです。**評価項目選定の根拠**とは、「考え方」と「着眼点」です。考え方は、TOP 事象の評価や目標値の変化点評価、過去の不具合事例からの選定などです。例えば、先の注（＊39）に示したシフト変則制御不良につながる故障モードである「スピードセンサーの出力信号異常」を起こさない考え方では、樹脂材料や電子部品などを抽出し、かつ過去の

不具合事例から樹脂の吸湿によるショートを考慮して、着眼点をはんだへ落とし込んでいます。

着眼点が抽出されると、次は実使用（実車）環境を踏まえて着眼点を評価する耐久評価項目と条件を決めます。耐久評価項目は、熱衝撃や低温放置など一般的な項目から、トランスミッションオイル（ATF）試験やコンタミ試験などの着眼点から導かれる製品特有の耐久評価項目、さらには気配り、いじわる試験としてPCT（Pressure Cooker Test；高温・高湿・高圧の条件下で行う試験）や複合環境試験など、抜けなく設定しなければなりません（図4-36）。

試験項目の条件は、顧客から提示される条件に対し、条件を追加できることが大切です。例えば、冷熱サイクル試験で顧客が2000サイクルの条件を示したときに、それが市場環境に見合った妥当なサイクル数かどうかを判断できることが大切です。このサイクルで不十分だと判断すれば、例えば3000サイクルで実施するなどの社内条件を設定しなければなりません（図4-37）。

供試数も重要で「N＝○個」と明記する。この**N数の妥当性**は議論すべきところであり、95％の信頼限界を満足するには供試数が数十必要となります。しかし、数十の試作品を耐久試験にかけるのは現実的ではありません。試験項目が10通りとすると、供試数は膨大になります。従って、過去の実績を踏まえて現実的な値を設定することになります。

耐久済み品は、分解精査を行って不具合の兆候を見つけなければなりません。

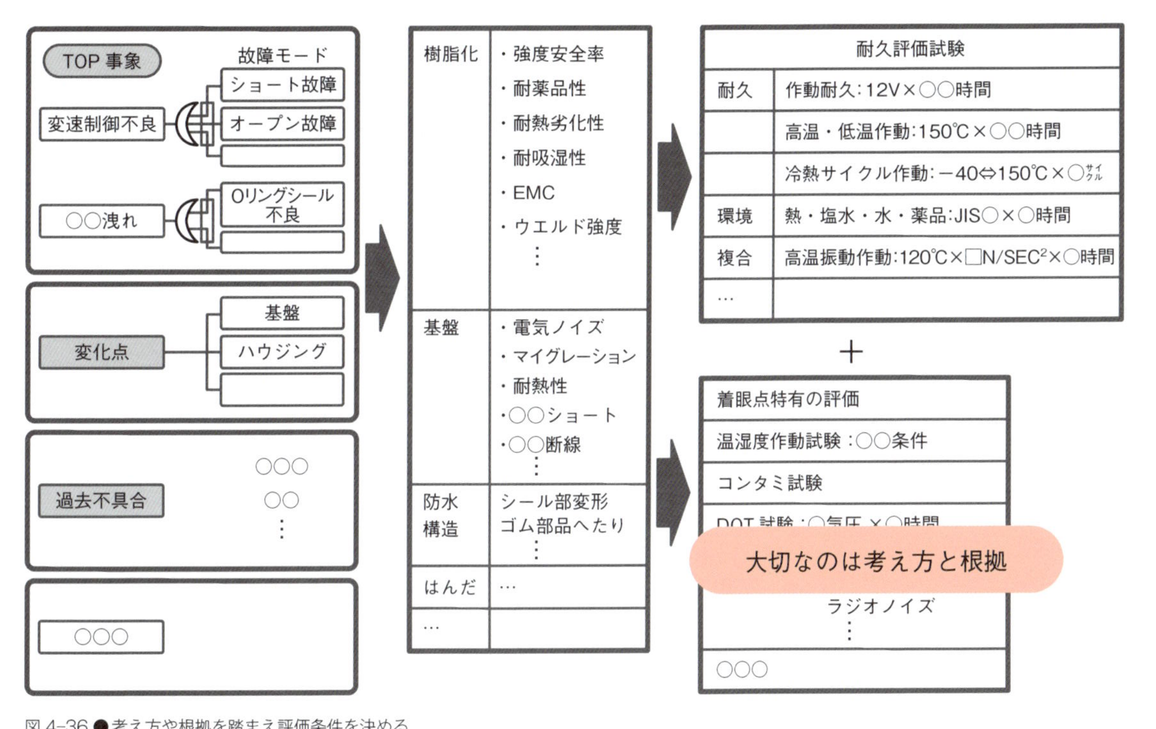

図 4-36 ●考え方や根拠を踏まえ評価条件を決める
（出所：ワールドテック）

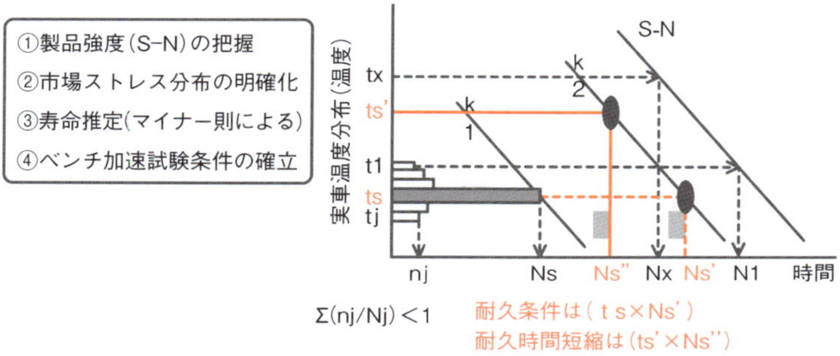
①製品強度(S–N)の把握
②市場ストレス分布の明確化
③寿命推定(マイナー則による)
④ベンチ加速試験条件の確立
実車温度分布(温度)
tx
ts'
t1
ts
tj
S-N
k
2
k
1
nj
Ns
Ns"
Nx
Ns'
N1
時間
Σ(nj/Nj)＜1
耐久条件は(ｔs×Ns')
耐久時間短縮は(ts'×Ns")

図 4-37 ●市場環境と加速試験条件の関係（例）
（出所：ワールドテック）

7.6 出図

量産設計の基本フローを行い、その結果が目標値を満足していることを確認できれば、**量産図面**を次の工程に送ることができます。

出図に際しては、出図専任者と設計者が図面不備がないことを多方面から検討しなければなりません。具体的には量産図面の **DFM 検討会**を参照してください（第 4 章 4.2.[6]；p.251 参照）。

第5章 設計段階の取り組みの形骸化を防ぐ

第5章 設計段階の取り組みの形骸化を防ぐ

設計力とは、顧客のニーズを「もの」という形にするための情報に置き換える活動をやりきる力のことです（第2章参照）。それを踏まえ、先行開発と量産設計をやりきる取り組みとして、「先行開発の設計力」（第3章参照）と「量産設計の設計力」（第4章参照）を解説してきました。それぞれの設計段階を「やりきる」ためには、7つの要素が整っていることが重要だということも話しました。

この第5章では7つの設計力要素を活用して実行する上で、気をつけなければならないことを取り上げます。

1. 7つの設計力を順次そろえる

先行開発と量産設計では、それぞれ7つの設計力要素が不可欠です。すなわち、[1] 設計プロセス（先行開発プロセス、量産設計プロセス）、[2] 技術的な知見やノウハウ、[3] 各種ツール、[4] 人と組織、[5] 判断基準、[6] 検討・議論と審議・決裁、[7] 風土・土壌です。

まず、取り組んでほしいことは、第3章と第4章で紹介した7つの設計力要素と自分の職場の状況とを比較することです。さらに、自分の職場にない（あっても不十分な）設計力要素は順次そろえて、充実させていくことです。

職場の状況を判断し、設計力要素を順次そろえて充実させる取り組みは、形だけではなく内容が伴わなければなりません。それには時間と工数がかかります。先行開発も量産設計も自分の職場に合ったプロセスへと見直すことが大切です。

では、それに向かって一歩踏み出す際の留意点を示しましょう。

設計力を順次そろえる上での留意点

まずは、できるところから1つずつ始めることです。最初から高いレベルを求めず、やり始めたら**継続**することが何よりも大切です。継続することで必ずレベルが上がっていきます。1つ継続してレベルが高まれば、新たにもう1つをスタートさせましょう。やりながら気がついた改良すべき点は、必ず設計力へ反映してください。この繰り返しを確実にするかしないかで道が分かれます。効果は年単位の長期スパンで見てください。設計力が高いといわれる企業は、それを一歩一歩地道に長年積み重ねてきたのです。日々問題点を洗い出し、試行錯誤を繰り返してレベルを高め続けています。ここまで来れば完成ということはありません。少しでも良くなるように内容と仕組みを整備し、工夫して改良することが大切です。

こうした姿勢で設計力を継続的に見直していき、7つの設計力要素をそろえていきましょう。日々使いながら見直すことで、設計力は向上していきます。従って、日々の取り組む姿勢が大切なのです。

2. 特に気をつけなければならないこと

こうして7つの設計力要素をそろえても、開発設計に取り組む上では特に気をつけなければならないことがあります。それは、やったという実績づくりを目的にしないことです。

例えば量産設計の設計力では、設計プロセスを踏む、同じ原因の品質不具合を防ぐために過去の失敗事例を振り返る、標準設計基準書などの規定・基準類を遵守する、デザインレビュー（DR）で気づきを得る、決裁会議で次のステップへの移行が可能か否かを判断をする、などがありますが、そうしたことを行うこと自体が目的とならないように気をつけなければなりません。

行うこと自体が目的になることこそが、**形骸化**（形式化）なのです。形骸化に陥ってはいけません。

形骸化の要因はいろいろあります。例えば、職場に備わっている知見を使わない、コミュニケーション不足・チームワーク不足・理解度不足のまま進める、技術の伝承不足（図 5-1）などがあります。これらを一

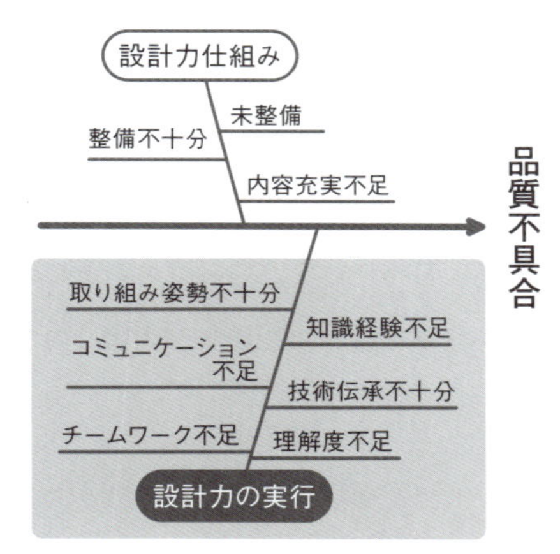

図 5-1●設計力の形骸化は実行する段階にも存在する
（出所：ワールドテック）

言で表現すると、プロフェッショナルとして設計力を実行していないということです。形骸化を防ぐには、全員がプロフェッショナルとして設計力を活用しなければなりません。

ここで言う**プロフェッショナル**とは、レベルの高い専門家やベテランのことではありません。関係する全員が自分の潜在力を最大限に発揮するということです*1。そうすれば、設計力を実行する上でそれが持つ力を最大限に引き出すことができます。

大切なのは、現在備わっている設計力が持つ力を最大限に引き出すことです。そのためには、設計者がプロフェッショナルとして設計力を活用する必要があります。その結果として、設計力が向上するのです。

設計者と設計力は**全循環的なスパイラルアップ**を繰り返します。

＊1　以前、テレビのある番組が燃料電池車（FCV）の開発を取り上げていた。番組では開発に必要な思いをさまざまな場面と絡めて紹介していた。「新しいことはしんどい、いばらの道だ。しかし、夢を忘れるな」「さまざまな課題への答えは自分たちで見つける」「こだわり続け、もっと良くしたい」「突き抜ける思い。その思いを形にする」と。さらに、その番組の最後には次のような言葉を紹介した。「プロフェッショナルとは、信念を持ち、突き進み夢を実現できる人たち。どんなに厳しい困難な条件でも結果を出す」——。こうした思いを持って日々取り組みたいものである。

もしかすると、プロフェッショナルという言葉を聞くと、自分には関係ないと思う人がいるかもしれない。「プロフェッショナルとはその道を窮めた人。自分はまだまだ未熟であり、当てはまらない」と。

私はそうは思わない。企業で仕事をする人は多くの場合、組織で仕事を行う。組織には初心者もいればベテランもいる。誰も入社してすぐにベテランの域の仕事はできない。しかし、初心者は初心者なりに役割を果たさなければならない。それぞれの経験や立場にふさわしい役割を担い、その役割の中で最大限の結果を出す必要がある。組織の全員が持つ力を最大限発揮すれば、困難と思える課題でも結果が出るだろう。結果を出したということは、組織の全員が信念を持って突き進み、夢を実現するプロフェッショナルであったといえる。

すなわち、プロフェッショナルとは「持てる力を最大限に発揮し続ける人」のことだ。

こうした人が集まった組織は、どれほど困難な条件であっても必ず結果を出せるはずだ。従って、全員がプロフェッショナルとしての思いを持たなければならない。設計段階の仕事をやりきるには、関係者全員がそれぞれの立場で持てる力を最大限に発揮し続けなければならない。プロフェッショナルとして仕事をすることが全員に求められるのだ。そうなって初めて個人の設計力が高まり、組織の設計力も向上する。個人と組織の全循環的なスパイラルアップで職場の設計力が高まっていくのである。

3. 形式ではなく内容と質のある取り組みを意識する

設計力が形式に陥りやすい代表的な事例を2つ紹介しましょう（図5-2）。［1］DRは参加するだけでは意味がない、［2］FMEA（Failure Mode and Effects Analysis；故障モード影響解析）は形だけでは意味がない、という事例です。

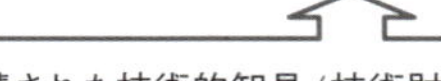

図5-2●形式に陥りやすい代表例
（出所：ワールドテック）

［1］DRは参加するだけでは意味がない

DRは6番目の設計力要素である「検討・議論と審議・決裁」に含まれます。DRには7つの構成要素があります。(1) DRの種類、(2) 実施タイミング、(3) 対象を構成する項目、(4) 項目の内容、(5) メンバー、(6) 運営、(7) 横展開、です。量産設計におけるこれらの要素の詳細は第4章4.2.[6]で解説しています。DRを効果的に行うには7つの構成要素をそろえ、それらの仕組み通りに実行することです。さらに、実行する上で次のことを特に意識すれば、DRが形式に陥らず、より高い効果（気づき）が得られます。

形式に陥らないために気をつけること

形式に陥らないために、以下のことに気をつけましょう。項目の内容（第4章4.2.[6]；p.240参照）を充実させること（設計検討や評価条件の理論的・定量的根拠があり、かつ、説明する内容に抜けがないことを確認すること）、必要な知見を持ったメンバーが参加していること〔専門委員を工夫すること（第4章4.2.[6]；p.243参照)〕、議論の場となっていること〔議長が役割を果たすこと（第4章4.2.[6]；p.243参照)〕。

(1) 項目の内容について

節目2次DRを例に説明しましょう。用意するものには、図面や製品ボードなどと共に、資料がありました。資料は第4章4.2.[6] (p.228) で取り上げたように、あるべき構成（目次）を決めます。この構成に従って資料を作成するのですが、その内容（中身）が充実していなければなりません。なぜなら、**資料の内容**のレベル次第で、DRの形式化を防ぐ可能性が高まるからです[*2]。

*2　DRの場で議論する対象は資料の内容である。従って、内容が充実していれば効果

的な気づきを得る可能性が高まるため、形式化を防げる可能性も向上する。しかし、他の6つの構成要素がDR実施要領書でルール化できるのに対し、内容は「それまでに取り組んだ技術的検討の中身」であり、製品ごとにオリジナルなものだ。従って、ルール化は適さない。そこに内容の難しさがある。

項目の内容を充実させる2つの要点

項目の内容を充実させるには、2つの要点を押さえる必要があります。

①結論の根拠を示すこと

結論に至った考え方や根拠が示されていること。かつ、その根拠は（できる限り）理論で説明されており、試験実験で定量的に検証されていることが大切です*3。

②資料の準備をスタートした時点からDRが始まっていることを意識すること

資料の準備段階で既にDRはスタートしています。必要十分な資料にまとめようとすると、その過程で担当者に**気づき**が起こります。この気づきがDRの内容を高めるのに大きな役割を果たします。準備段階でDR（気づきの活動）はもう始まっているのです*4。

このように、DRの形式化を防ぐには資料の内容とまとめ方が共に高いレベルでなければなりません。**まとめる力は重要な設計力**です。DRで配布される資料を見れば、その設計担当者や担当部署の設計レベルが分かります。資料にその会社の設計力が反映されているからです。「資料のレベルが会社のレベル」ということを忘れないでください。

DRにふさわしい資料が準備できれば、参加者から気づきがもらえます。その気づきは、設計担当者や担当部署の貴重な知見です。多くの気づきを得ると、設計担当者のレベルが上がります。これを繰り返すことで、設計担当者と担当部署の設計力レベルは正のスパイラルを描きながら高まっていきます。当然、DRのレベルも向上します（図5-3）。

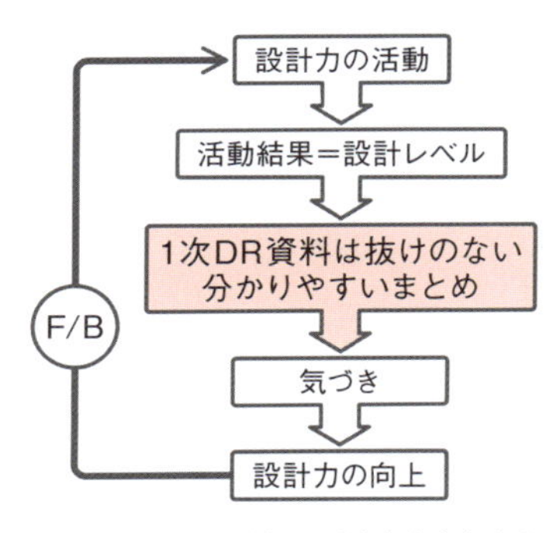

図5-3●DRの資料は設計力を向上させる
（出所：ワールドテック）

まとめると、設計力を高めて、それをDRの7つの構成要素に反映する。そうすれば、この7つの構成要素の中でも、特に大切な「項目の内容」のレベルを上げることができます。こうも言えるでしょう。より効果的なDRを実現するための人材育成とは、設計力を高めることです。

＊3　根拠が必要な例は、設計目標値、基本方式選定、詳細設計の安全率、余裕度、特殊特性指定、評価項目と評価条件です。全体の資料の項目と内容を含め、これらは第4章で説明している。

＊4　実は、DRではこの準備段階が大変重要だ。筆者の経験では、資料作成の際に多くの気づきがあった。そのため、資料作成の重要さを実感している。資料を作成しようとすると、数値が埋まらなかったり、やっていない項目があったりと多くの気づきが生まれる。従って、DRは資料の作成が重要であり、作成にしっかり取り組むことが大切だ。逆にしっかりまとめなければ、担当者自身が検討の抜けや不十分な点に気づかない。担当者がDRの場に抜けが多い資料を準備して臨めば、「残された1～2％の課題を見つけて

解決する」というDRの狙いから外れることになるのは明白だ。これではメンバーの貴重な時間を浪費しただけということになりかねない。

これら2つの要点を意識して取り組むことで内容のレベルが高まる。DRのメンバーがその内容を理解すれば、必ず気づきが起こる。そのため、資料をまとめる際は、分かりやすくまとめることを心掛けてほしい。設計者だけが理解できるような唯我独尊の資料では意味がない*5。

＊5 DRの資料の表し方は第4章4.2.[6]（p.219）で取り上げているが、ここでポイントを説明しておく。まず、DRの際に生データを資料にして説明しないこと。生データを羅列されても、聞いている側は理解できない。こうした場合、実は説明する側もよく分かっていないことが多い。安全率や余裕度、理論と試験実験結果の整合性など、生データから「言えること」を説明することが大切だ。それをグラフや表で示す。

続いて、1つの課題は1枚の紙にまとめること。1つの課題について複数枚を使って説明することは作成者にとっては比較的簡単だが、冗長になる。すると、聞いている側は理解しづらい。従って、課題や検討手法、理論解析、試験実験結果までを1枚にまとめる必要がある。そのためには、しっかりと頭を整理すること。

さらに重要なことは、ストーリー性を持った資料作成を心掛けることだ。多くの資料をバラバラに説明されても理解することは難しい。特に節目のDRでは、議論する内容が多岐にわたる。従って、多くの検討課題があっても1本のストーリーとしてつながる資料を作ることが大切である。資料を分かりやすくする工夫が参加者の理解を深め、気づきにつながる。

(2) 議論の場となっているか

DRの場が決裁の場であってはいけません（第4章4.2.[6]；p.219参照）。DRは総知と総力を注ぐ場と定義しました。総知と総力を注ぐには、参加者全員が意見を戦わせ、**議論**を深めることが必要です。そのためには、議長の役割が重要です。議長は、DRに出席したメンバーの中で最上位の職位の社員が一方的に発言するだけの場にならないように、多くの人から意見を引き出す必要があります。発言者を指名し、意見を求めるなどの工夫をして、できる限り対等な立場で技術的な議論ができる雰囲気づくりをしながら進行してください。

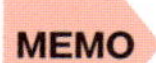

決裁会議の形式化について考察

市場へ品質不具合の流出が続いている場合、DRおよび、決裁会議が形式化している可能性が高いと考えてください。DRや決裁会議はマネジメントプロセスでした（第4章4.2.[6]；p.219参照）。業務の抜けや不備に気づいて軌道修正する場であり、そのために存在します。にもかかわらず、市場まで不具合の流出が起こっているとすると、マネジメントプロセスが有効に機能していない可能性が高いのです。すなわち、マネジメントプロセスが形式化、形骸化しているのです。

決裁会議では通常、決裁者や検討・審議する項目、実施タイミングなどは決まっています。決裁者は、対象製品の職場における重要度に応じて決まります。重要度は製品や市場環境の新規性や生産規模などを踏まえて決めますが、重要度が高いランクに位置付けられた製品の決裁は、品質担当役員などトップレベルの職位の者が行います。

検討・審議する項目については、報告者がそれぞれの項目を分かりやすく報告することが大切です。技術課題は理論的に成立しており、かつ試験や実験で定量的に検証できていることです。試験条件や試験方法については具体的に示し、そこから得られたデータの処理の方法や、合否判断の基準までを明確に説明する必要があります。ここまでして分かりやすい報告を行うことが、決裁者が正しい判断を下すためには不可欠です。

決裁の場に報告者はプライドをかけて臨み、決裁者はそれにふさわしい心構えで受けます。社内といえども甘えは許されない真剣勝負の場です。真剣勝負だからこそ、検討抜けや不備に気づくことができるのです。

通常は、こうした真剣勝負の場が量産設計段階から生産（量産）開始までの間に何度かあります。例えば、構想段階から詳細設計段階への移行時や、量産図面の出図時、量産品の出荷開始時などです。さらに、市場で不具合が発生したときの是正処置の場にも真剣勝負の場が必要になります。市場への不具合の流出が続いている場合、「業務の抜けや不備に気づき、軌道修正する場であるマネジメントプロセスがあったのか」、「市場へ品質不具合を流出させないために、マネジメントプロセスを構成する決裁会議が有効に機能していたのか」、そして「報告者と決裁者は共に真剣勝負で臨んでいたのか」を振り返らなければなりません。形骸化していないかを確認するために、必ず振り返ってください。

(3) FMEA は実施するだけでは意味がない

第4章3 (p.165) で**FMEA** (Failure Mode and Effect Analysis; 故障モード影響解析) の限界について述べました。FMEA の限界は、①効果が限定的であること、②作成することが目的となることの2点です。

①効果が限定的

気づいていることを整理し、ぼんやりしている知見を書くことで明確にできる点では、FMEA は有効な手段です。しかし、忘れていることを思い出したり、思い出しても今の設計に関連付けたりすることは、FMEA にはあまり期待できません*6。

②作成することが目的となる

FMEA の帳票 (ワークシート) を埋めることが目的となり、品質不具合の未然防止のために作っていることを忘れてしまうことがよくあります (図 5-4)。つまり、本質であるはずの未然防止が二の次になってしまうのです。これが**FMEA の形骸化** (形式化) と呼ばれるものです*7。

FMEA の帳票を埋めて提出することが目的となる職場は、FMEA を実施したというエビデンス (証拠) があることに重きを置くようになります。つまり、FMEA は**管理ツール**なのです。内容よりも、実施したことが重要になってしまうのです。これこそまさに形骸化です。

*6 製品が異なり、故障現象が違っていても、原因は同じである場合が多い。だが、製品も故障現象も違っているケースでは、過去の故障経験から得られた知見を、今、手掛け

FMEA WORK SHEET

製品名	
品　番	

作成者：　参加メンバー：　No.：　作成日：　修正日：

No.	構成部品名	変更点と変更内容	部品の機能	変更がもたらす機能障害、商品性の欠如（故障モード）	障害が及ぼす影響		機能障害、商品性の欠如をもたらす要因（故障原因）	発生頻度	重要度	設計への反映（設計的対策手段）			評価への反映・品質確認			
					システム	車両					期限	担当	必要な評価・確認項目	重要度	期限	担当

FMEA帳をただ書くだけでは不具合はなくならない

図 5-4 ●FMEA の帳票
（出所：ワールドテック）

ている設計に関連付けることが難しい。第 4 章 2（p.162）に不具合事例の解説がある。

＊7　FMEA の作成に関して、このような状況がよくある。FMEA の作成は往々にして遅れがちだ。FMEA を今日中に上司に承認してもらわなければ次のステップへ移行できない。「明日が顧客への提出期限だ」と追い込まれた状況で FMEA を作る。FMEA は簡単な製品でも何枚も書くことになり、文字を埋めるだけでも大変な作業だ。納期が近づいて切羽詰まると、FMEA の内容はともかく、表を文字で埋めることが目的となってしまう。品質不具合の未然防止のためにという本来の目的は二の次、三の次だ。
　こうして作られたFMEA の帳票の内容を、上司が細かくチェックする時間も余裕もない。差し出された帳票を前に、上司は「君、これはしっかり検討して、抜けや不備はないだろうね」と担当者に聞き、担当者は「はい、しっかりと検討しました」と言ってチェックは終了だ。このようにして承認されたFMEA に品質不具合の未然防止を期待することは難しいだろう。

DRBFM で形骸化を乗り越える

　こうしたFMEA の形骸化を防ぐツールが**DRBFM**（Design Review Based on Failure Mode）です。DRBFM は第 4 章 4.2.[6]（p.219）で解

説しています。DRBFM の DR はデザインレビューの意味です。品質不具合の未然防止を対象に、新規設計や設計変更（変化点と変更点）の項目に的を絞ったデザインレビューです。DRBFM の帳票（ワークシート）を図 5-5 に示します。

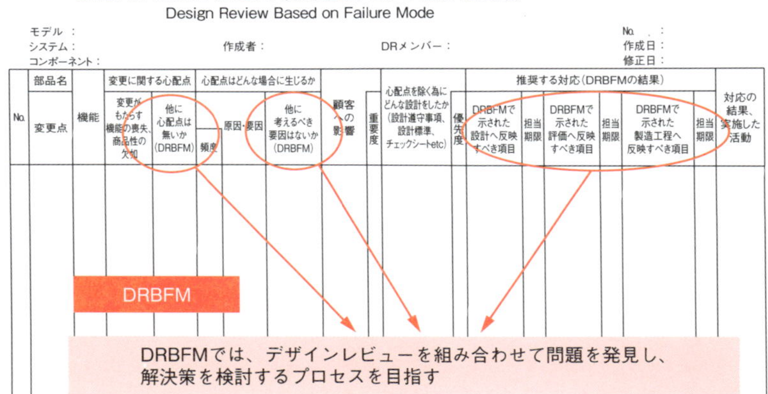

図 5-5 ● DRBFM の帳票
（出所：ワールドテック）

DRBFM は、帳票を埋めることを目的とせず、しっかりと議論することを狙った取り組みです。「まだ故障モードを議論し尽くしていない」「もっと他の原因があるだろう」「設計の処置としてはこのような見方もある」などと、議論を尽くすためのツールとして使います。

デザインレビューなので、第 4 章で取り上げたデザインレビューの切り口に当てはめてみましょう。DR の 7 つの構成要素、すなわち DRBFM の 7 つの構成要素は次のようになります。

① DR の種類：DRBFM。

②実施タイミング：DFM1（第 4 章 4.2.[6]；p.219 参照）と 2 次 DR の

間は必須。

③議論する項目：帳票の横の欄の項目（対象部品や心配点、原因、設計処置など）。部品は変化点、変更点が対象*8。

④項目の内容：帳票を担当者が埋め、たたき台を作成する。それを基に、関係者が議論。

⑤メンバー：設計部門以外に、生産技術や生産、品質、材料・加工技術の要素技術の各部門から専門家が参加する。

⑥運営：DRBFM 検討会（第 4 章 4.2.[6]；p.219 の個別検討会に相当）を開催。3 時間/日を目安に、対象部品について議論が終わるまで繰り返し実施する。重要度、設計処置、設計処置への指摘の対応が完了した時点で実施する。これらの 3 回に分けて行うのが望ましい。

⑦横展開：DRBFM で得られた新たな知見は、職場の基準類へ反映する。

＊8　DRBFM は変化点や変更点がある部品を対象にする。一方、FMEA は全ての部品を対象にしている。工数（時間×人）は限られている。議論の対象を限定し、それぞれの部品の議論が深まることを期待するのが DRBFM だ（**図 5-A**）。

DRBFM に取り組むスタンスは DR と同じである。DR の 7 つの構成要素のうち、①DR の種類と②実施タイミング、③議論する項目は決まってくる。④項目の内容と⑤メンバー、⑥運営、⑦横展開も考え方は DR と同じだ。つまり、DRBFM は、変化点と変更点に焦点を絞り、帳票に書かれた項目を議論する DR なのである*9。

＊9　DRBFM は変更点や変化点を集中的に議論する。**図 5-B** の寿命カーブ「A」は目標寿命「$B_{0.1}$%」に対してロバスト性が十分ある。しかし、環境が変わる（変更点）に従いロバスト性は低下し、目標寿命を割り込む。こうした環境の変化に加えて、もの（部品）が変わる（変化点）と、寿命カーブは同「B」に移り、実績のある環境下でも目標値を満足しなくなる。

このように、変更点と変化点のロバスト性への影響を見極めなければならない。これが DRBFM の狙いだ。

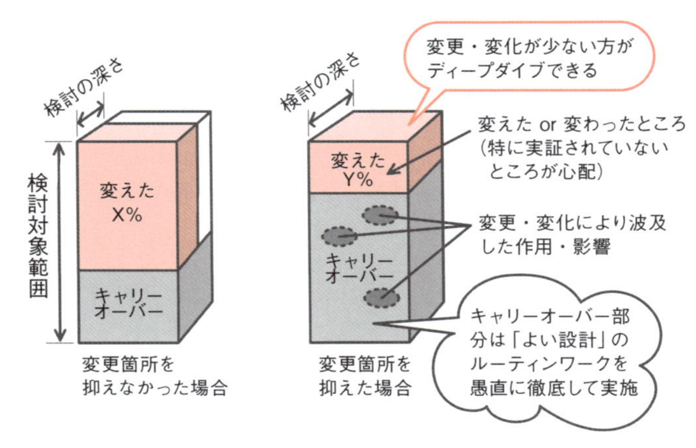

図 5-A ●DRBFM はターゲットを絞って議論を深める
(出所：ワールドテック)

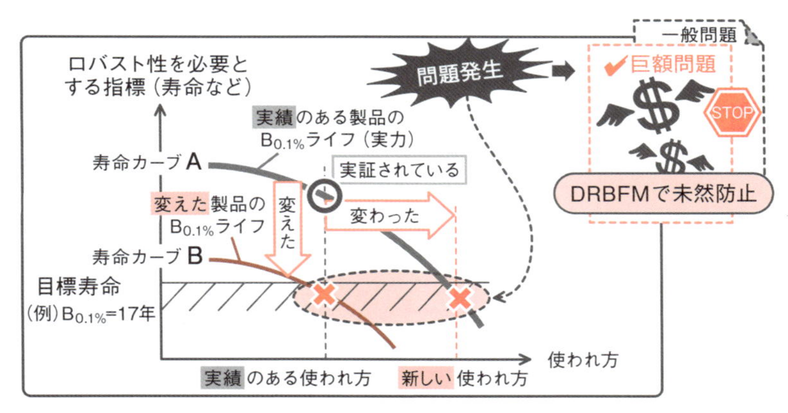

図 5-B ●変えた（変化点）、変わった（変更点）ところとロバスト性の関係
(出所：ワールドテック)

MEMO

DRBFMでは議論を深めることが大切です。DRBFMの議論を深めるための実施要領や注意点、ポイントなどは奥が深いのです。何事も準備が大切といわれます。それはDRBFMも同様です。そこで、ここでは次の２つを押さえるべき点として挙げておきましょう。

（1）最適なメンバーをそろえること。詳細については第４章4.2.[6]；p.219を参照。

（2）議論する対象をメンバーがよく知ること。これには４つの注意点があります。

①要求仕様（商品仕様、製品仕様）をよく知ること

・納入先の要求仕様

・部品・部品間の特性

・法規制

なお、品質不具合とは要求仕様を満足しなくなることです。従って、DRBFMで品質不具合を議論するには、要求仕様の理解が必要です（第２章2.1；p.36参照）。

②使用環境をよく知ること

・対象製品の使用環境から使用方法のあらゆる角度からの検討

・ストレスレベルの確認

ものが劣化するのはストレスにさらされるからです。使用環境をよく知ることが品質不具合未然防止を議論する第一歩です（第４章4.2.[6]；p.219参照）。

③変化点と変更点を共有化する

表5-A ●変更点チェックシート
（出所：ワールドテック）

	製品・部品															
対象	構造	部品	形状	材質	表面処理	接合方法	加工方法	取り付け	回路	ソフト	インターフェース		コスト			
変更点																

表5-B ●変化点と変更点の比較一覧表
（出所：ワールドテック）

部品名	諸元	旧構造	新構造	他
ブラケット	形状	（図）	（図）	搭載スペースが狭くなり形状と板厚変更
	板厚	○○mm	△△mm	
	温度	80℃	○○℃	搭載、車室内→エンジンルーム
	振動	△△		

表5-C ● DRBFMで議論すべき要点
（出所：ワールドテック）

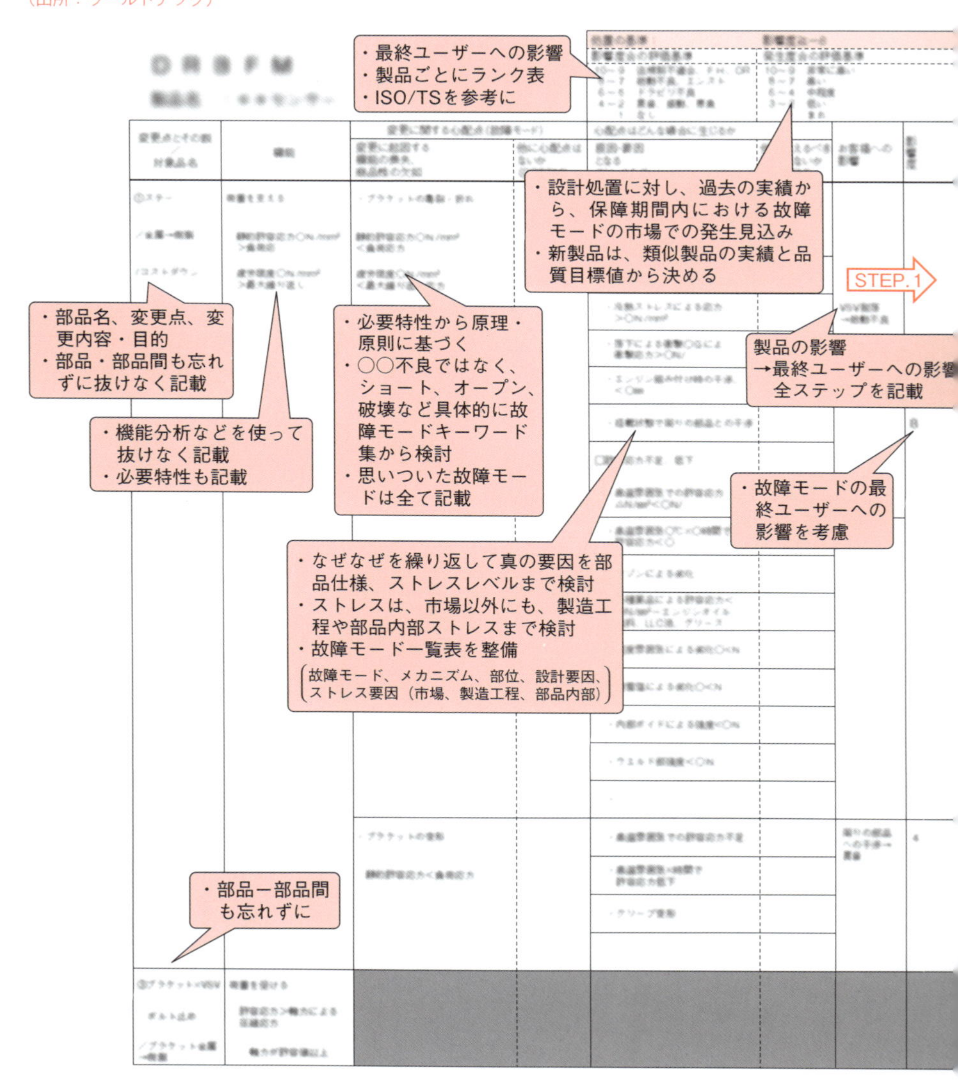

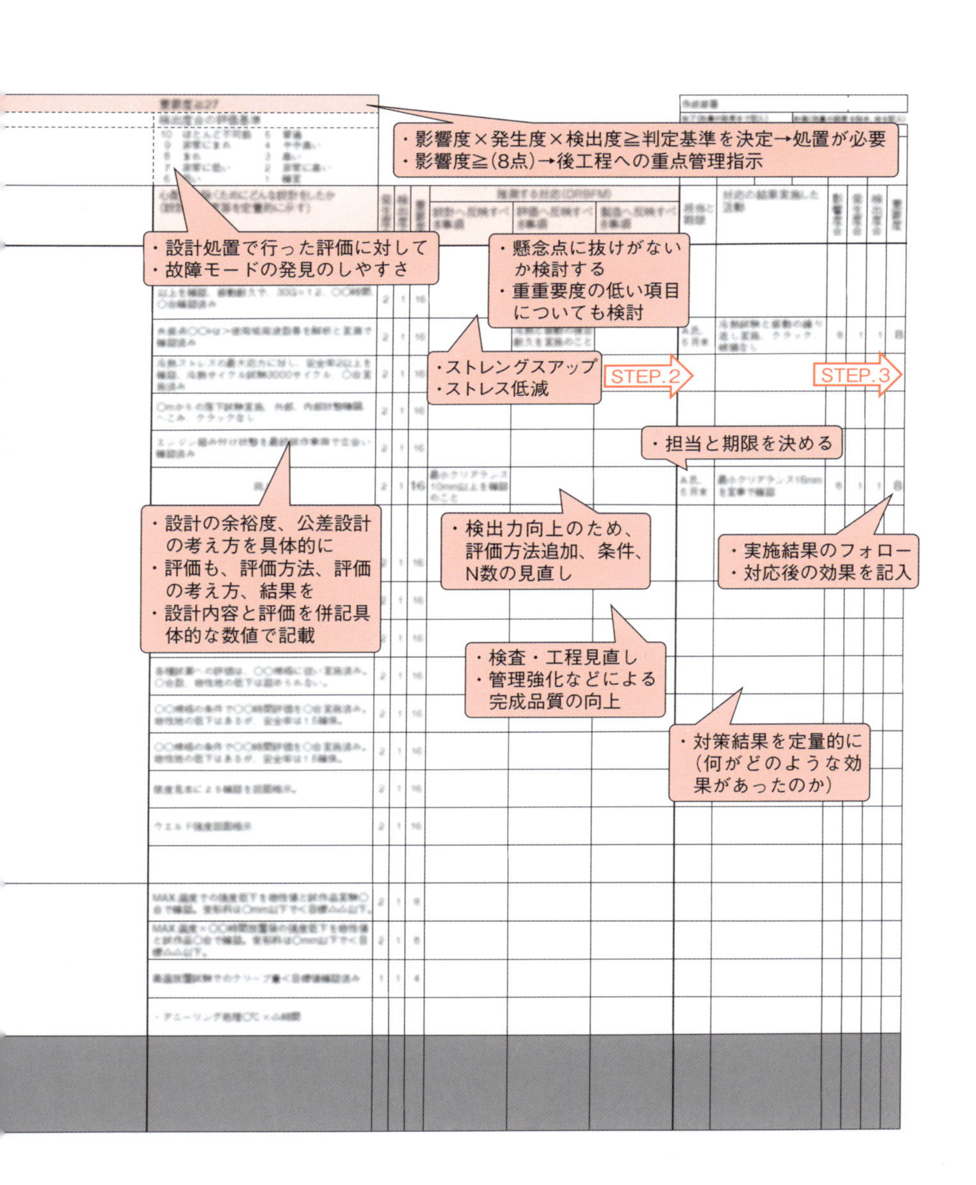
・影響度×発生度×検出度≧判定基準を決定→処置が必要
・影響度≧(8点)→後工程への重点管理指示
・設計処置で行った評価に対して
・故障モードの発見のしやすさ
・懸念点に抜けがないか検討する
・重重要度の低い項目についても検討
・ストレングスアップ
・ストレス低減
STEP.2
STEP.3
・担当と期限を決める
・設計の余裕度、公差設計の考え方を具体的に
・評価も、評価方法、評価の考え方、結果を
・設計内容と評価を併記具体的な数値で記載
・検出力向上のため、評価方法追加、条件、N数の見直し
・実施結果のフォロー
・対応後の効果を記入
・検査・工程見直し
・管理強化などによる完成品質の向上
・対策結果を定量的に(何がどのような効果があったのか)

設計類似品の場合、変化点チェックシートや変更点チェックシート（**表 5-A**）などを活用し、対象となる製品の変化点と変更点を明確にします（**表 5-B**）。

変化点や変更点がロバスト性を低下させる可能性があります（**図 5-B**）。

④過去のトラブル（過去トラ）事例を活用する

・過去の不具合事例を確実に把握して反映

品質不具合の多くは、同じ原因の繰り返しです。過去トラを反映することが大切となります（第 4 章 4.2.[2]；p.185 参照）。議論を深めるには、故障モードや原因や設計の処置など、それぞれの DRBFM の項目ごとに議論する要点があります。DRBFM で議論すべき要点を**表 5-C** にまとめておきます。

「深く議論する」とはどういうことかを示す事例を紹介しましょう。深く掘り下げた設計検討を行うことはとても重要です。

ブラケットの事例です。金属製ブラケット（製品 S）はエンジンの搭載部品です。A 車種の Y 型エンジンに搭載されていましたが、新たに B 車種の H 型エンジンにも展開することになりました。搭載スペースの関係でブラケット形状の変更を行わなければなりません。さて、どのような設計検討を行うべきでしょうか（**図 5-C**）。

・B 車種の H 型エンジンに関する市場環境ストレスの調査
・市場環境ストレスの調査結果を基にした耐久評価の条件設定（温度、振動など）
・ブラケットに加わる応力に対する安全率の確保
・耐久試験の実施と耐久済み品の精査
・実車への搭載状況、干渉の有無などの確認
・実車での評価済み品の回収・精査
・品質不具合を未然に防止する手法である DRBFM を使った（品質不具合未然防止の）議論と処置
・品質不具合のトップ事象の確認と処置（製品 S への影響と上位システムへの影響の確認と処置）

以上の通り、ブラケットの形状を変更するだけでも、設計上考慮すべきことはこれほどあるのです。設計は抜けなく、深く掘り下げて検討することが重要であるというのはこういうことなのです。

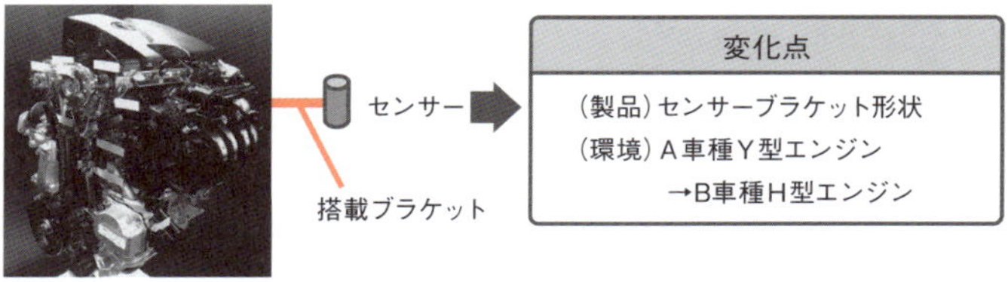

	設計プロセスの手順	技術的な知見や技術財産の活用
1	車両環境調査(温度、振動、被水、オイル、飛び石など)	測定時の実車運転条件(エンジンの回転数、負荷)
2	耐久評価条件の設定(耐振動性、耐熱性など)	実車による測定結果のベンチ(台上)耐久条件への置き換え
3	ブラケットの応力安全率の把握	CAE 解析と実機との整合性
4	耐久試験(共振点の確認、高温振動耐久性の把握)	実車に相当する振動試験機への取り付け方法など
5	実車による干渉の確認	実車による隣の部品との許容隙間などの観察観点
6	変化点の心配点に対するFMEA(DRBFM)を使った未然防止の議論	効果が得られる FMEA(DRBFM)の実施方法
7	耐久試験済み品の精査(ブラケットと内部観察)	耐久済み品の精査の方法(CT スキャン、断面カットなど)
8	車両故障モードのトップ事象に関するFTA 展開	最悪故障モードの把握とフェールセーフ処置
9	図面検討会や、必要に応じた2次 DR や決裁会議の開催	DR、品質保証会議の効果的な実施方法など

図 5-C ●ブラケット 1 つの変更で必要な設計検討事項
エンジンはイメージ。
(出所:ワールドテック、写真:日経 xTECH)

第6章

ダントツ製品を達成する設計者のあるべき姿

第6章 ダントツ製品を達成する設計者のあるべき姿

これまで、先行開発と量産設計の設計力を解説してきました。この章では、まず、それぞれの設計力を比較して、違いについて取り上げます。次に7つの設計力要素の中でも重要な4番目の設計力要素である「人と組織」のうち、「人」に焦点を絞り、先行開発と量産設計で求められる素養を踏まえながら、ダントツ製品を目指す設計者のあるべき姿を解説します。

1. 先行開発と量産設計の設計力の比較

先行開発は、ダントツ目標値のめどを付ける取り組みです。一方、量産設計は"120%"の品質を確保する取り組みです。これらを成し遂げるには設計力が必要です。必要な設計力には次の7つの要素（7つの設計力要素）があります。

[1] 設計プロセス（先行開発プロセス、量産設計プロセス）

[2] 技術的な知見やノウハウ

[3] 各種ツール

[4] 人と組織

[5] 判断基準

[6] 検討・議論と審議・決裁

[7] 風土・土壌

先行開発の**7つの設計力要素**については第3章で、量産設計のそれは

第4章で取り上げました。どちらも数は同じですが、設計力要素の内容は異なります。先行開発の設計力と量産設計の設計力を比較し、違いをまとめておきましょう。

[1] 設計プロセス（表6-1）

表6-1 ●1番目の設計力要素「設計プロセス（先行開発プロセス、量産設計プロセス）」
（出所：ワールドテック）

設計プロセス		先行開発プロセス	量産設計プロセス
主な相違点	構成	大きな課題を突破するステップ	検討の抜けを防ぐステップ
	狙い	ダントツ目標値を設定し、技術を確立する	理論で説明し、試験実験で検証した図面を作る
共通点		基本・サポート・マネージメントの3つのプロセスから成る	

先行開発の設計プロセス（**先行開発プロセス**）は、ダントツ目標値を設定して技術を確立します。システム分野の選定や製品選定、真のニーズの把握、ベンチマーク、実機調査、ダントツ目標値の設定、ネック技術の確立、開発促進会議など40近いステップがあります（第3章4.2.[1]；p.86参照）。

一方、量産設計の設計プロセス（**量産設計プロセス**）は、理論で説明し、試験実験で検証された図面を作るためにあります。構想設計や詳細設計、パラメーター設計、DRBFM検討会、過去の失敗事例反映、試作品評価、実機環境調査、仕入先DR、節目DR、品質保証会議など、こちらも40前後のステップ（第4章4.2.[1]；p.170参照）から成り立っています。

先行開発プロセスも量産設計プロセスも、**基本プロセス**、**サポートプロセス**、**マネジメントプロセス**の3つのグループで構成されます。

[2] 技術的な知見やノウハウ（表 6-2）

表 6-2 ●2 番目の設計力要素「技術的な知見やノウハウ」
（出所：ワールドテック）

技術的な知見やノウハウ		先行開発	量産設計
主な相違点	使用する技術知見・ノウハウ	成功事例	失敗事例
	狙い	技術課題への対応方針を見いだし、新たな技術を取り入れる	同じ原因の品質不具合を出さない
共通点		基盤技術（製品固有の技術・製品間の共通技術など）を充実させる	

先行開発は、未知の領域を切り開く活動です。大きな成果を上げている職場と比較することで、それまで気づかなかった職場の課題を見つけられる可能性があります。また、**成功事例**から技術的な課題への対応策を見いだし、課題を切り開くことも期待できます。そうすることで新たな技術を確立し、新しい知見を得ることが可能となります。そのためにも豊富な成功事例の整備が必要です。

もちろん、新たな技術を取り込むにはしっかりとした基盤技術がなければなりません。基盤技術がしっかりしていることが新たな技術を取り込む必要条件です（第 3 章 4.2.[2]；p.97 参照）。

一方、量産設計は先行開発で切り開いた技術の質を高める取り組みです。言い換えるなら、「100 万個造っても 1 個たりとも品質不具合を出さない」というレベルに技術を高める取り組みであり、過去の**失敗事例**から学ぶ知見が大切となります*1。もちろん、基盤技術もフルに活用しなければなりません。そのためにも、基盤技術が充実していることが必要です（第 4 章 4.2.[2]；p.185 参照）。

＊1　失敗事例には3つの留意点がある。
(1) 品質不具合の多くは繰り返しである。過去の失敗事例を今の仕事に関連付けることが難しいため、総合力、すなわち設計力が必要である（第4章2；p.162参照）。
(2) 失敗事例とは、失敗経験から得られた教訓である。1つは技術上の教訓で、もう1つは管理上の教訓である（第4章4.2.[2]；p.185参照）。
(3) 残された教訓を活用するには、活用できる仕組みを継続的に改善することが重要である（第4章4.2.[2]；p.185参照）。

[3] 各種ツール（表6-3）

表6-3●3番目の設計力要素「各種ツール」
（出所：ワールドテック）

各種ツール		先行開発	量産設計
主な相違点	種類	・阻害要因の打破の発想法 ・最新のMBDやCAEなどのシミュレーション、解析ツール	品質不具合未然防止のツール
	狙い	・常識といわれていることに縛られず、先入観を持たずに発想する ・ネック技術の打破には、解析ツールを有効活用する	検討不十分や検討抜けを防ぐ
共通点		なぜなぜ分析など基礎的なツールは両者に有効	

先行開発には、目標値の設定やネック技術のめど付けなど、大きな課題を乗り越えるためのツールが必要です。**阻害要因を打破する発想法**にはブレーンストーミングや、ブルーオーシャン思考、TRIZ、品質機能展開（QFD）、VE、なぜなぜ分析などがあります。他にも、CAE（Computer Aided Engineering）による磁場解析や流れ解析、熱伝導解析、音の解析などさまざまな解析技術や、モデルベースデザイン（Model Based Development；MBD）などを活用します。こうした、常識にとらわれない発想と最新の解析ツールを駆使する必要があります（第3章4.2.[3]；p.99参照）。

量産設計では、検討の抜けや検討が不十分な取り組みをなくさなければなりません。そのために、さまざまな**品質管理手法**（FMEAやFTA、マイナー則、アレニウスプロットなど）やCADなどを活用し、検討の抜けをなくして**ロバスト性**を高めます。そうすることで、安全率や余裕度を確保します（第4章4.2.[3]；p.201参照）。

[4] 人と組織（表6-4、表6-5）

(1) 人

表6-4 ●4番目の設計力要素「人と組織」のうちの「人」
（出所：ワールドテック）

人		先行開発	量産設計
主な相違点	立ち位置	技術者＋開拓者	技術者 ⊆ 設計者
	狙い	新たな課題と新たな技術へ挑戦する力をつける	組織間の調整力や顧客との技術折衝力をつける
共通点		技術検討・特許出願・研究発表など、技術者としての基本的な取り組み	

先行開発に携わる設計者は、新たな課題や新たな技術、新規製品に挑戦する**技術者＋開拓者**です。技術者＋開拓者には課題把握力や問題点分析力、システム理解力、情報収集分析力、他社製品調査力、ベンチマーク力など、さまざまな未知の領域を切り開く素養が必要です（第3章4.2.[4]；p.100参照）。未知の領域を切り開くには、高いモチベーションとリーダシップも不可欠となります。

一方、量産設計では技術者としての技術検討や特許出願、研究発表だけではなく、**組織間の調整力**や**顧客との技術折衝力**を高めなければなりません。組織間の調整力が必要なのは、「図面は全社で描く」という条件を実践するためです。顧客との技術折衝力を要するのは、「顧客の信頼を得る」ためです。これらの取り組みができる人を設計者と呼ぶのです（第4章4.2.[4]；p.204参照）。

(2) 組織

表6-5●4番目の設計力要素「人と組織」のうちの「組織」
（出所：ワールドテック）

組織		先行開発	量産設計
主な相違点	チーム（例）	部門横断型チーム（クロスファンクショナルチーム）活動	コンカレント活動
	狙い	異なる分野の専門家でチームを組み、知恵を融合することで新たな気づきを得る	量産設計の初期段階から設計、品質、生産技術、企画など関係部署が足並みをそろえて取り組むことでQ、C、Dのレベルを高める
共通点		他部署（他の専門家）とのチーム活動が大切	

先行開発は、異なる分野の専門家がチームを組む部門横断型チーム（クロスファンクショナルチーム）活動で、知恵を融合して新たな気づきを得ることが大切です。

例えば、製品開発チームと生産技術チームが、それぞれの開発テーマごとにチームを組んで検討を進めます。定期的に合同検討会を持ち、進捗を報告。課題に対して知恵を出し合い、新たな気づきにつなげます（第3章4.2.[4]；p.100参照）。

量産設計は、量産設計の初期段階から設計や品質、生産技術、生産、購買、企画などの関係部署が、それぞれの専門的な立場で参加するコンカレント活動です。こうして、設計や生産技術などのレベルを高めて検討抜けを防ぐ取り組みを行います（第4章4.2.[4]；p.209参照）。

[5] 判断基準（表6-6）

表6-6●5番目の設計力要素「判断基準」
（出所：ワールドテック）

判断基準		先行開発	量産設計
主な相違点	判断対象	・ダントツ目標値4要件への妥当性 ・開発品選定の妥当性 ・ネック技術のめど付けの妥当性	・製品設計基準への整合性 ・標準設計基準への整合性 ・材料基準との整合性 など
	狙い	ダントツ製品の可能性を判断する	設計目標値Q、C、Dを満たすことを判断する
共通点		内容に対しての判断基準と実施項目に対しての判断基準がある	

先行開発と量産設計の判断基準は、共に**設計内容に対する判断基準**と**実施項目に対する判断基準**に分類できます。

先行開発における内容に対する判断基準は、ダントツ目標値の4要件（目標項目の妥当性、目標値の妥当性、システム動向との整合性、成長タイミングとの整合性）です。開発製品の選定の根拠となる、情報収集の結果、得られたシステム分野や、システムを構成する製品の動向も貴重な判断基準となります。ネック技術のめど付けの妥当性を判断する基盤技術も大切な基準です（第3章4.2.[5]；p.213参照）。

量産設計の判断基準は、職場で積み上げてきた知見やノウハウを基準化した各種の規定や基準、規格類です（第4章4.2.[5]；p.214参照）。

実施項目に対する判断基準は、先行開発では先行開発プロセスを踏んでいるか、開発促進会議での報告項目は抜けがないかなどです。一方、量産設計は車両故障モード判断基準や実車環境チェックシート、1次・2

次DRなどのチェックシート、出図チェックシートが該当します（第4章4.2.[5]；p.218参照）。

[6] 検討・議論と審議・決裁（表6-7）

表6-7●5番目の設計力要素「検討・議論と審議・決裁」
（出所：ワールドテック）

検討・議論と審議・決裁		先行開発	量産設計
主な相違点	議論・決裁	議論しながら決裁する	デザインレビュー（議論）と決裁の場は分ける
	狙い	目標値やネック技術など大きな項目の妥当性が対象なので議論しながら決裁する	Q、C、Dを120%達成することを目指し、抜けや検討が不十分な内容への気づきが大切なので、決裁を意識せず議論に集中できる場を作る
共通点		大きな節目だけではなく、要素作業のタイミングでも実施する	

先行開発は、大きな目標設定とその実現に向けた技術的な取り組みであり、チャレンジと大胆な活動が大切です。検討・議論と審議・決裁を同時に行うのがよいでしょう（第3章4.2.[6]；p.106参照）。

一方、量産設計は抜けのない綿密な取り組みが必要です。検討・議論（デザインレビュー；DR）と審議・決裁は別の会議にするのが望ましいといえます（第4章4.2.[6]；p.219参照）。

先行開発も量産設計も、検討・議論と審議・決裁は大きな節目だけではなく、要素作業のタイミングでも実施します（第3章4.2.[6]；p.106、第4章4.2.[6]；p.219参照）。

[7] 風土・土壌（表 6-8）

表 6-8 ●7 番目の設計力要素「風土・土壌」
（出所：ワールドテック）

風土・土壌		先行開発	量産設計
主な相違点	望まれる風土・土壌	・チャレンジを評価する風土 ・リスクを恐れない風土	品質やコストへのこだわりを持った納期厳守の風土
	狙い	先行開発は未知への挑戦。高い目標値を見いだし、新たな技術の開拓する	Q、C、D の 120% 達成を目指して取り組む姿勢を持ち続ける
共通点		ものづくりへのこだわり	

先行開発には、未知への挑戦と新たな技術を開拓するチャレンジを評価し、リスクを恐れない風土・土壌であることが大切です。これに対し、量産設計には、品質やコストへの**こだわり**を持った納期厳守の風土・土壌がなければなりません。これらが大切であることは、これまでに繰り返し説明してきました。すなわち、先行開発にも量産設計にも「ものづくり」にこだわる風土・土壌が不可欠なのです。

先行開発は「未知を開拓する力」、量産設計は「100 %やりきる力」

このように、7 つの設計力要素の内容は先行開発と量産設計では大きく異なります。先行開発と量産設計の設計力の比較を一覧にしました（表 6-9）。

両者の違いを一言で表現すると、先行開発は**未知を開拓する力**、量産設計は **100%やりきる力**です。続いて、この違いを踏まえて、設計者のあるべき姿を取り上げます。

表 6-9 ●先行開発と量産設計の設計力の比較一覧
（出所：ワールドテック）

設計力要素	先行開発段階の設計力	量産設計段階の設計力
[1] 設計プロセス	・システム動向調査 ・製品動向調査 ・ベンチマーク ・真のニーズの把握 ・ダントツ目標値設定 ・ネック技術のめど付けなど	・構想設計 ・詳細設計 ・試作品評価・実車搭載確認 ・実車耐久評価など
[2] 技術的な知見やノウハウ	・豊富な開発成功事例 ・類似品の要素技術 ・製品固有の技術など	・蓄積された過去の失敗事例集（過去トラ） ・製品別固有技術 ・製品間に共通する要素術など
[3] 各種ツール	・阻害要因打破（ブレークスルー）のための発想法 ・なぜなぜ分析、機能展開・VE、CAD/CAE など	・未然防止（FMEA・FTA…） ・ロバスト設計（パラメータ設計・公差設計など） ・多種 QC 手法　・CAD/CAE
[4] 人と組織	技術者＋開拓者 ・課題把握力　・情報収集分析力 ・システム理解力 ・ベンチマーク力 ・チャレンジ力　・実機調査力 ・実験力　・ロードマップ活用力 ・課題を打破するやり抜く気概・情熱 ・チームのモチベーションを上げるリーダシップ力	技術者⊆設計者 ・技術検討、特許、研究発表など ・組織間の調整 ・顧客との技術折衝など
	・クロスファンクションチーム ・専門メーカーとの共業など	・コンカレント活動、横断的チーム活動
[5] 判断基準	・開発目標値　・類似品設計基準 ・標準設計基準	・設計基準　・材料選定基準 ・耐久評価基準および根拠
[6] 検討・議論と審議・決裁	・開発促進会議（議論と決裁） ・要素作業ごとに開発会議	・全体 DR、個別 DR（議論） ・品質保証会議（決裁）
[7] 風土・土壌	・失敗してもチャレンジを評価する風土 ・リスクを恐れない風土	・ものづくり WAY（守るべき WAY、変革の WAY）

⇩ 未知を開拓する力（先行開発段階の設計力）

⇩ 100%やりきる力（量産設計段階の設計力）

2. 変革のWAYと守るべきWAYの両立

ものづくりの姿勢を**WAY**（ウェイ）という言葉で表現すると、先行開発は**変革のWAY**、量産設計は**守るべきWAY**と表現できます（第4章4.2.[7]；p.260参照）。なぜなら、先行開発は未知への開拓であり、量産設計は品質（Q）とコスト（C）、納期（D）について100％やりきる取り組みだからです。

未知への開拓であれ、100％やりきる取り組みであれ、行うのは人です。人、すなわち設計者のあるべき姿が職場のWAYを創り出します。現にこれまで創り出してきたのです。従って、設計者のあるべき姿を理解するには、WAYを理解しなければなりません。

開発の手順はまず先行開発で、次に量産設計ですが、WAYはその職場を維持、継続するための「守るべきWAY」がベースになければなりません。基礎がしっかりしていれば、未知への挑戦ができ、「変革のWAY」が醸成されます。これら2つのWAYを順に説明しましょう。

［1］守るべきWAY

職場は、それぞれの単位で小さな企業と捉えることができます。設計部署も同じです。企業には創業時の精神があるように、設計の職場にもその職場が出来た時の思いや誕生時の精神があったはずです。職場の歴史の中で、その職場の**こだわり**や「やり方」「文化」などが創られてきました。それが、職場のWAYです。つまり、WAYは職場の風土・土壌であり、その職場の現在のあるべき姿を示すものです。

WAYには、技術の進化などでものづくりの環境がいかに変わろうと守らなければならないものと、変革させていくべきものがあります。守るべきものは創業の精神であり、品質第一主義であり、納期厳守であり、コストへのこだわりです。これが「守るべきWAY」です*2［Example 1］。

Example 1 筆者が設計を担当していた時の経験である。筆者が入社して数年がたった頃、米国の大気浄化法（マスキー法）から始まった排出ガス規制を踏まえ、日本や欧州でも規制が強化された。排出ガス成分の排出量低減の規制が次第に厳しくなり、排出ガス浄化システムの開発・導入が重要課題となっていた。

当然、世の中も排出ガスによる大気汚染に敏感で、一般車両のユーザーも排出ガス浄化に高い関心を示していた。当時は電子制御燃料噴射（EFI）システムがこれからという状況で、排気管へ空気をポンプで送り込み、未燃焼ガスを燃焼させる2次空気系システムが主流だった。筆者も2次空気系システムに使われるコンポーネントの設計を担当していた。

その製品は欧州の自動車メーカーにも納入されていた。ある年の初夏のことだ。市場から壊れた製品が送られてきた。その壊れ方から、偶発的に起こる故障ではなく、ある一定の確率で起こり得る故障だと判断できた。

既に当時においても、1台でも市場から品質不具合品が返ってくると、原因の究明から暫定対策、本対策までを大至急、最優先で進めていた。誰かに指示されてから動くようなことはなかった。関係者が、いわば本能的に解決に向けて最大限に取り組んでいた。そのような「風土」があったのだ。

市場で品質不具合が出た場合は、土曜も日曜も関係がなくなる。たとえ暫定対策を打ったとしても、本対策を検討している間は、本対策前のもの（品質不具合が出る可能性があるもの）を工場で生産し、市場へ投入し続けることになるからだ。

不思議なことに、市場でのトラブルはしばしば長期休暇の前日に起きた。結果、連休の初日に呼び出しがかかることが往々にしてあった。誰も指示しなくても、関係者全員が連休返上で取り組む「風土」が醸成されていたのだ。

さて、話を元に戻そう。この品質不具合は、7月に入ると突然、自動車メーカーの担当者と連絡が取れなくなった。担当者が1カ月の夏期休暇に入ったからだ。市場で品質不具合が発生している状況であるにもかかわらずだ。筆者たちには信じられないことであり、風土の違いをまざまざと思い知らされた。

1カ月後、夏期休暇から復帰したその担当者はこう言った。「この製品の市場における品質不具合発生確率の推定値は○％以下だ。想定クレーム率内だから、急ぐ必要はない」と。

＊2　筆者のかつての職場では、ひとたび品質問題が起こると、誰かに指示されなくても連休返上で対策に取り組んでいた。たとえ夏季の長期休暇のときであっても、だ。自然とそのように体が動くことは、会社の文化であったと思う。納期もしかり。顧客への報告納期が遅れそうになった場合、1人ひとりが誰に言われるまでもなくデータ取りを行い、報告に間に合わせた。コストに関しても、目標をクリアするまで諦めずに案を出し合って取り組んだものである。品質と納期、コストに課題がある場合は、全員が力を合わせ、解決に向けた活動を行うことが本能として身に付いていた。まさに守るべきWAYが備わっ

ていた職場だった。

[2] 変革のWAY

一方、「変革のWAY」は、職場のコア技術や基盤技術です。これらにはたゆまぬ努力で進化させて行かなければなりません。筆者の経験から言うと、職場を支える製品やそれを支えるコア技術は、10年もたてば変わってしまいます［Example 2］。

Example 2 筆者が在籍した職場を例に挙げると、入社時点では排出ガス規制対応製品が主力だった。ところが、10年もたたないうちに、燃費改善関係の製品がメインとなった。しかし、その製品も車両システムの進化とともに減少。次は、変速機（トランスミッション）分野の製品が主力となった。その時々の主力製品に安住してはならない。

同じ製品でも、10年もたてばコア技術は2ランクはアップするものです。例えば、30年でオール電子化した点火システムなどがあります。このように、製品は次世代製品に置き換わってしまうのです（第3章3.［2］；p.67参照）。

つまり、同じ製品や同じ技術の“賞味期限”は長くはありません。家電業界に比べると車載製品の賞味期限は比較的長いとは思いますが、それでも設計者は常に技術を進化させ、新製品を出し続けなければなりません。

自動車業界では現在、自動運転化や電動化などで技術は日々進化しています。企業の存続のためには、技術の進化を常にキャッチアップするか、自分の職場で技術を生み出して市場を創出するか*3、いずれかが必要です。

だからこそ、新製品や新しい技術へ挑戦することが当然という職場の雰囲気、すなわち変革のWAYが、今まさに必要なのです。**リスクを恐れない職場**は、チャレンジを許容できる職場です。通常業務で100%を達成する成果よりも、挑戦して50%まで到達した結果を高く評価するような職場でなければなりません。それが「変革のWAY」です。

＊3　ロードマップから見ると、テクノロジー・プッシュになる。第3章3.[2](p.76)でロードマップのマーケット・プルを紹介した。これはシステムの動向が製品や要素技術の開発を方向付けた。だが逆に、要素技術が先行し、製品やシステムを誘引する場合もある。最近の話題では、人工知能（Artificial Intelligence：AI）の進化は、クルマの前方や周辺認識の判断技術を高め、自動運転化に必要なシステムの高度化をもたらしている。要素技術の進化が、システムの高度化を誘引しているのだ。

このように、ものづくりの下位階層の進化が上位階層の開発を押し進めるケースもある。これが**テクノロジー・プッシュ**である（図6-A）。

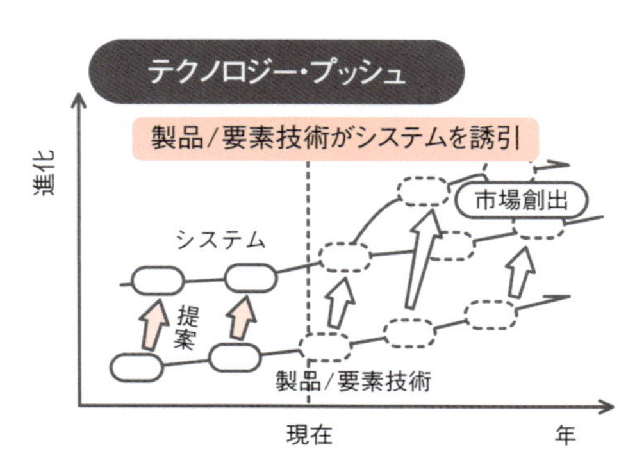

図6-A ●テクノロジー・プッシュ
ものづくりの下位階層の進化が上位階層の開発を押し進めるケース。すなわち、要素技術が先行し、製品やシステムを誘引する。
（出所：ワールドテック）

3. 設計者は常に新たな目標に向かって取り組む

設計者は、変革のWAYで高い目標を目指し、守るべきWAYで完成度を高めます。その目標に到達しても、さらに高い目標にチャレンジし続けなければなりません。いつまでも現状のレベルで止まるのを**十年一日の如し**[*4]と表現します（図6-1）。

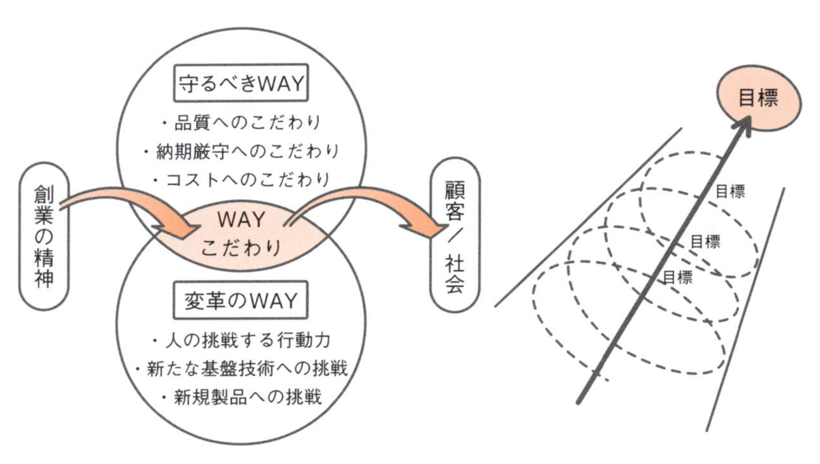

図6-1 ●設計者はさらなる高みを目指し挑戦し続ける
（出所：ワールドテック）

設計者は、新たな製品や技術にチャレンジしなければなりません。例えば、これまではメカ（機械）だけを扱っていれば済んでいた職場でも、今では電子制御化の急速な進化を避けては通れない状況になっています。メカ＋電子回路＋マイコン＋ソフトウエア＋通信を一体化した製品が増えており、電子やソフトウエア、通信分野の技術を取り入れるのは必須となりつつあります。もちろん、逆もしかりです。「メカしか分かりません」「電子回路しかできません」「ソフトウエアしかやりたくありません」では、技術者としてやっていけない状況が現実のものとなっています。技術者としては大変である半面、自分のスキルを伸ばす絶好の機会でもあります。メカ系技術者でも電子回路が理解できる技術者になる。エレ系技術でもメカに強い技術者になる。ハードウエア技術者でもソフトウエアが得意な技術者になる。ソフトウエア技術者でもハードに精通した技術者になる。これらも変革のWAYです。

高い目標を掲げ、新しい技術や製品への挑戦にスタートを切るのは、現在の主力製品が成長段階の間に行わなければなりません。第3章のダントツ目標値の4要件で取り上げましたが、主力製品の先が見えてからスタートしているようでは遅いのです。

変革のWAYを実践する必要があります。優位な技術と成長著しい製品を有している間に、次の一手の検討を開始します。これは変革のWAYが根付いていないとできません。新たな技術や製品の取り組みが狙うのはダントツ製品であることは言うまでもありません。

変革のWAYが根付いていると、顧客から声が掛かるのを待つ姿勢はなくなり、自社から顧客への提案が先行するようになります。

＊4　筆者が設計業務に従事していた時の経験だ。新製品を開発設計する際には、さまざまなメーカーの技術者や設計者と打ち合わせを行った。その時、各企業や職場によって異なる雰囲気を感じたことを覚えている。生き生きとしており、その企業の活力が伝わってくる技術者もいれば、逆に「十年一日の如く」、いつも同じようにこなしているのだなという印象を受ける技術者もいた。

企業活力とは、新しい技術に挑戦し、今日より明日は一歩でも前進しようと取り組んでいる雰囲気のことである。これはハイテク企業の「専売特許」ではない。分野に関係なく、より高品質のもの、より技術レベルの高いものへと切磋琢磨しながら挑戦し続けている企業は活力にあふれている。 反対に、十年一日の如く感じられた技術者からは沈滞ムードが伝わってきた。ある企業は確かに素晴らしい技術を保有していたのだが、その技術は10年もの間、全く進化しなかった。10年前に一定の技術レベルに達し、そこで止まってしまっていたのだ。技術者と話していても、その技術をさらに進化させようとする雰囲気はみじんも感じられなかった。当然ながら、技術者から活力が伝わることもなかった。まさに、「変革のWAY」の欠如である。

4. 世界一を目指した設計者の言葉

筆者の会社はものづくりの伝承に取り組んでおり、ものづくり分野を経験した多くのベテランメンバー（企業のOB）が集まっています。各人がものづくりで培ってきた知恵や力、経験を生かし、人材育成や職場における課題解決に挑んでいます。

メンバーは、開発設計や品質、生産技術、生産などさまざまな分野の経験者です。分野は違っても、顧客により満足してもらうために、また競合企業に対して少しでも優位に立つために切磋琢磨してきた強者（つわもの）ぞろいです。世界一を目指し、より良い製品を世の中に出そうと情熱を燃やして、新たな目標に向かってチャレンジしてきた者ばかりです。

今なお、何らかの形でものづくりに携わる彼らに、ものづくりにとって「どのようなマインドが大切か」と尋ねてみました。すると、手掛けてきた製品や工程が異なっても、ものづくりへの思いには共通するものがありました。以下の通りです。

・**常識にとらわれない**（「できない」「これしかない」という考えを疑ってみる）。

・事実をしっかり把握する。

・自分で考え抜く。
・考え抜いて本質を理解する。
・できない理由ではなく、どうしたらできるかを考える。
・まずはやってみる。
・失敗を恐れず、チャレンジする（リスクを恐れすぎない）。
・**失敗は貴重な財産**。失敗を多く経験すると、多くを学ぶ（新しいことには失敗を伴うが、人は成長する）。
・業務遂行ではなく、**問題解決型**であれ（指示を待つだけでなく、自ら課題を見いだし取り組む）。
・**迷ったときは、苦しい方を選べ**（仕事の結果が駄作になるか、傑作になるかの分かれ道）。
・（情報＋経験）×**執念**が大切。執念がゼロではアウトプットはゼロ（情熱がなければ、知識から知恵は生まれない）。

奇をてらうような言葉は1つもありません。恐らく誰もが聞いたことがあり、そうありたいと願っている言葉ばかりでしょう。ですが、これこそが、数々の挑戦と失敗を繰り返しながら世界No.1製品を目指してきた人々のものづくりに懸ける正直な思いです。これらの言葉はものづくりの本質を捉えています。

ものづくりとは、特別な取り組みを行う場ではありません。目標を高く掲げ、原理・原則にのっとって地道に、しかし着実に一歩一歩、愚直に取り組む場です。**志を高く持ち**、その達成に向かって、立ちはだかる**課題に果敢に挑戦**すること。それが本書で取り上げた開発設計にとって、最も大切なことなのです。

第 7 章

Q&A
設計者に共通する７つの悩み

第7章 Q&A　設計者に共通する7つの悩み

Q.1 設計と「設計力」は何が違うのですか？

A. 設計は、建築物や工業製品などといったシステムを具現化するために必要な機能を検討し、準備することです。これに対し、設計力とは設計業務に必要な取り組みをやりきる力のことです。

開発設計には先行開発と量産設計の2つの段階があり、先行開発では、競合企業よりも優位に立つ（世界に勝つ）目標値を設定し、その技術課題（ネック技術）のめどを付けることをやりきります。一方、量産設計では、品質不具合を出さない取り組み（設計要因の工程内不良ゼロ、納入先不良ゼロ、市場クレームゼロ）をやりきります（目指します）。そのために必要な設計の活動をやりきる力が、設計力です。設計力は次の7つの要素で構成されています。

[1] 設計プロセス（先行開発プロセス、量産設計プロセス）

[2] 技術的な知見やノウハウ

[3] 各種ツール

[4] 人と組織

[5] 判断基準

[6] 検討・議論と審議・決裁

[7] 風土・土壌

これら7つの設計力要素は、先行開発と量産設計のそれぞれに存在します。先行開発と量産設計の7つの設計力要素を取り上げ詳しく解説するのが本書の狙いです。

Q.2 先行開発プロセスには方針決めが何度かありますが、方針決めに時間をかけるよりも、すぐに開発をスタートさせた方がよいのではありませんか？

A. 早く開発のスタートを切りたい気持ちは分かります。ですが、まずは方針決めです。方針とは、基本とする目標や手段のこと。方針が決まれば、その方針に沿った取り組みをひたすら行うことになります。方針がその後のプロセスの取り組みを決定づけます（第3章図3-16）。

先行開発の方針決めには、「製品の選定方針」「製品の開発方針」「技術の対応方針」があります（第3章4.2.[1]；p.86参照）。製品選定方針の第3章5.1に示した先行開発の事例は「世界に通用する製品を選定する」です。この方針が決まって初めて、開発製品を選ぶ取り組みを行います。方針が「A社向けの製品を開発する」と決まれば、A社のニーズに合った製品を選ぶことになります。方針が違えば、開発する製品が異なってきます。

方針を決めなければ、ああでもない、こうでもないと、行きあたりばったりの製品選定になりかねません。

適切な方針はその後の取り組みの適切さを確保します。ぜひ、フロントローディングを心掛けてください。

Q.3 先行開発と量産設計は、それぞれ別の設計者が担当するのが良いでしょうか？　それとも、同じ者が両方担当すべきですか？

A. 一長一短があり、一概にどちらが良いとは言えません。なぜなら、先行開発と量産設計では設計力要素が異なり、設計者のあるべき姿が異なるからです。

先行開発は新規製品開発への挑戦であり、新たな技術獲得へ踏み出すための取り組みです。設計者はリスクを恐れ過ぎず、果敢に行動する挑戦者であり変革者でなければなりません。

一方、**量産設計**は、品質とコストに関してこだわり抜き、納期を厳守するための取り組みです。設計者は、抜けや漏れのない確実な取り組みを目指す人が望まれます。

このように先行開発と量産設計では、設計力が異なるため、目指すべき設計者像も同じではありません（第6章表6-1）。

同じグループが順に先行開発と量産設計を担当する場合は、メンバーが変わらないので、先行開発の技術を量産設計へスムーズにつなぐことができます。また、メンバーは両段階を経験でき、両方の設計力を備える設計者として守備範囲が広がります。

先行開発と量産設計のグループが別の場合は、それぞれの段階にふさわしいメンバー構成が可能となります。結果として、先行開発のチームは先行開発の設計力を伸ばすことができ、量産設計も同様です。しかし、片方の段階しか経験ができず、設計者としての守備範囲は限られることになります。また、先行開発から量産設計への移行に手間取ることも考えられます。

先行開発と量産設計で設計者に求められる素養は大きく異なりますが、できれば、両方の設計力を備えた守備範囲の広い設計者を目指してほしいと、筆者は思います。もちろん、どちらかに特化し、誰にも負けない深みを持つスペシャリストになることも選択肢の1つです。

Q.4　設計目標値を開発の途中で変えることがあります。良くないことなのでしょうか？

A.　設計目標値を途中で変えると、投入した工数や開発費がムダになりかねません。時間も取り戻すことができません。目標値の変更は、大きな手戻りです。一旦決めた目標値は変えないこと。これが鉄則です。

設計目標値は、製品の良し悪しを決め、顧客が製品を受け入れるかどうかを決めます。さらに、競合メーカーに勝つか負けるかまでも決定づけます。設計目標値が定まると、関係者は全員、それを達成するために、開発期間の長短にかかわらず、ひたすら取り組みます。開発途中で目標値の変更があってはならないのです。

目標値の変更を引き起こさないためには、目標値設定の根拠を明確に持つことです。明確にするとは、根拠が定量的ということです。そのために裏付けとなるデータをそろえなければなりません。多くの場合、これは時間と工数を要する作業となります。例えば、顧客の要求仕様や既存品の仕様、競合メーカーの仕様を定量的に明らかにします。そして、この3つの仕様を対象製品の重要度に応じて「or」、もしくは「and」で加味しながら決めていきます（第4章7.1.[2]；p.281参照）。

特に職場の主力製品には、目標値の定量的な根拠が必須です。状況が許されるなら、設定に月単位の時間をかけたいものです。定量的な根拠の例には第3章5.2.[2]（p.128）などで示しています。

Q.5 忙しいときは、デザインレビュー（DR）を次のDRと一緒にしたいのですが、ダメでしょうか？

A. 筆者も設計業務に長らく携わっていたので、質問者の気持ちは分かります。しかし、DRは設計プロセスに含まれるルールです。設計プロセスのルールから逸脱してはいけません。

なぜ、設計プロセスの逸脱は許されないのでしょうか。それは、製造業は「自然を加工する業」だという原理に尽きます。**自然はだませない**のです（第4章6.1；p.266参照）。これを踏まえて取り組まなければなりません。

設計プロセスを1つでも行わないということは、品質不具合の発生を是とすることになります。こういうことです。企業に現在ある設計プロセスは、品質不具合などの失敗経験から得られた教訓を仕事の仕組みに落とし込み、これを創業以来、延々と繰り返すことで得られたものです。多くの先達の継続的な改善の結果、得られたものなのです。従って、十分条件に至っているかどうかはさておき（これからも継続的な改善を行うということ）、必要条件であることに違いはありません。

上司や会社のトップが設計プロセスの逸脱を黙認すれば、それはすなわち「品質不具合が発生しても仕方ない」という意思表示をしたことになります。現実には、そのようなことを意思表示するトップはいないでしょうし、設計者も市場不具合を出さないという思いで取り組んでいるはずです。従って、ルールは何があろうと守る。それが唯一、最善の方法です。

設計プロセスを守り、品質不具合を出さない取り組みをやりきる。これが設計力です。

Q.6 品質決裁会議は行っていますが、納入先や市場での品質不具合は相変わらずです。どうすればよいのでしょうか?

A. 品質決裁会議が「真剣勝負の場」となっていますか。そうでなければ、品質決裁会議は形骸化しており、効果は期待できません。「やった」という実績づくりが目的になっていないでしょうか。言うまでもないことですが、大切なのは「内容と質」の伴った取り組みです。

通常、品質決裁会で審議する項目は決まっています。報告者は、決裁者が審議される項目を正しく理解できるように説明しなければなりません。目標値が妥当であることを根拠をもって示し、報告します。仕様を達成する技術課題は理論的に成立しており、かつ試験・実験で定量的に検証できていることを示します。加えて、試験条件や試験方法も具体的に示し、そこから得られたデータの処理方法や、合否判断の基準についても明確に説明します。こうした分かりやすい報告が決裁者の正しい判断に不可欠です。このような準備の下、決裁の場に報告者はプライドを懸けて臨み、決裁者はそれにふさわしい心構えで受けます。甘えは許されない「真剣勝負の場」として取り組まなければならないのです。

真剣な取り組みがあれば、担当者が報告しなかった、上司は知らなかったなどということは起こり得ないはずです。逆に、決裁の場がルールで決まっているので行うということであれば、仕様の妥当性も技術的な課題もしっかりと議論されることなくスルーされます。その結果、顧客や市場で、積み残された課題が顕在化することになります。

繰り返しになりますが、品質決裁会議は真剣勝負の場です。

Q.7 設計者と製造現場のスタッフとのコミュニケーションがうまくいっていません。このままで大丈夫でしょうか?

A. 設計者としての成長は、現場のスタッフとの意思疎通が大切です。なぜなら、図面は全社で描くものだからです（第4章4.2.[4]；p.204参照）。1個の樹脂製部品の形状を決めるにも、成形しやすいか、組み付けに困らないか、バリは出ないか、金型はムリな構造にならないかなど、多くの知見を踏まえる必要があります。現場のスタッフからしっかり教えてもらえれば、図面の質が上がります。

このことは、製造現場との関係だけに止まりません。品質や生産技術、生産、調達、企画など関係する全ての部門とコミュニケーションを取ると、効果的なコンカレント活動（第4章4.2.[4]；p.204参照）が可能となり、その職場や企業の総力を注ぎ込んだ図面が描けます。質の高い図面を出すには、関係する全部門のベクトルを合わせることが大切なのです。

量産図面は設計者にとって商品であり、検討抜けやミスがあってはいけません。生産現場へ図面を出すということは、すなわち顧客へ出すということです。

コミュニケーションは大切ですが、適度な緊張感も必要です。そのような環境で、適度な緊張感の下、切磋琢磨し合うなら互いの成長につながります。

事例を1つ紹介しましょう。量産図面は、決められた日程までに図面を完成させなければなりません。なぜなら、出図後の生産工程準備などは、出図日を基に量産までの日程が決まっているからです。設計の出図の遅れは、後工程である「お客様」に大きな迷惑を掛けることになります。

しかし、課題解決に時間がかかって遅れることもあります。その場合は、製造現場に理由を説明し、了解してもらうことになります。初めは製造から叱責を受けるかもしれません。しかし、了解が得られると、製造や設計など関係者全員が一丸となって取り組み、日程の挽回を行うことができます。

また、性能達成のために「2ランクアップ」の高度な工夫がないと造れないような図面を出すこともあります。この場合も、製造側から厳しい追及が予感されます。しかし、これもきちんと納得を得られた後なら、関係部署が全力で取り組んで達成できます。

このように、設計職場と製造現場の間に適度な緊張感を保った円滑なコミュニケーションがなければ、質の高い図面を全社で描くことはできません。

おわりに

この原稿を書いているまさにその時、小惑星探査機「はやぶさ 2」が地球近傍の小惑星を飛び立ち、1.5 億 km の帰還の途に就きました。科学技術の進化は素晴らしく、ものづくりの世界では、もはやできないことがないと思えるほどです。

一方、技術環境がいかに変わろうと、忘れてはならないことがあります。それは、ものづくりの基本である、優位性と信頼です。

日本が製造立国として、世界の中で重要な位置を占め続けるには、「優位性の確保」と「信頼の維持向上」が不可欠です。そのためには、設計力が大きく成長しなければなりません。日本のものづくりの大きな役割を担っている設計者は、やりがいと夢のある仕事です。高い目標に向かって取り組むことで、設計力は向上し、良い設計ができます。

設計者には、世界 No.1 製品を狙ってチャレンジしてほしいと思います。競合製品にはない機能や技術を取り入れて、「今日の非常識は明日の常識」という思いで取り組んでほしいのです。

まずは一歩踏み出すことです。失敗しても落胆することはありません。その失敗が、あなた自身や職場を成長させ、次の世界 No.1 製品への取り組みの糧になるからです。

世界 No.1 製品は身近にあります。本書ではコイン 1、2 枚のコストで出来る、部品点数の少ない簡単な製品事例を紹介しました。職場の製品を見てください。製品は訴えています。世界No.1となる切り口を——。品質とコストにはとことんこだわりましょう。そして納期は厳守です。チャレンジとこだわりを両立させてください。

今、日本のものづくりが揺らいでいると感じるのは、筆者だけでしょうか。製造現場の「5S（整理、整頓、清掃、清潔、しつけ）」のように、「設計力」が日本の全ての製造業に根付くことを願って本書を書きました。設計の職場に設計力が根付けば、世界で戦う日本企業の競争力の増進を期待できます。本書が日本の製造業の優位性と信頼を高める一助となることを願っています。

最後になりましたが、あなたの世界への挑戦と活躍を祈っています。

2019年12月　**寺倉 修**

さ

し

す

せ

世界No.1製品をつくるプロセスを開示

開発設計の教科書

発行日	2019年12月23日　第1版第1刷発行 2023年 8月25日　　　　第2刷発行
著者	寺倉 修
発行者	森重和春
発行	株式会社日経BP
発売	株式会社日経BPマーケティング 〒105-8308 東京都港区虎ノ門4-3-12
編集	松岡りか、近岡 裕
デザイン	Oruha Design（新川春男）
制作	美研プリンティング株式会社
印刷・製本	株式会社大應

ISBN978-4-296-10412-3

本書籍に関するお問い合わせ、ご連絡は下記にて承ります。
https://nkbp.jp/booksQA